고양이와 물리학

일러두기

• 본문의 각주는 옮긴이의 해설이다.

고양이와 물리학

블라트코 베드럴 지음
조은영 옮김

50대 50의 확률이
중첩하는 양자의 세계

RHK
알에이치코리아

내 아이들 마이키, 미아, 레오에게.

모터헤드여, 영원하라.

차례

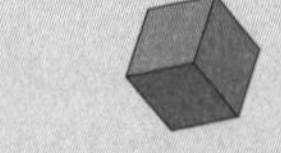

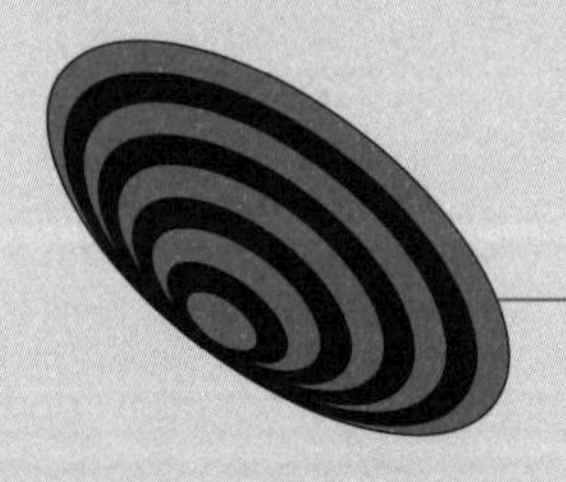

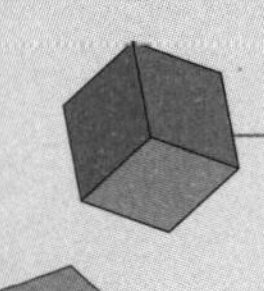

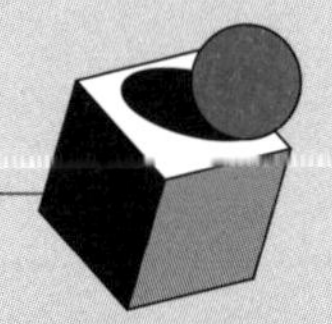

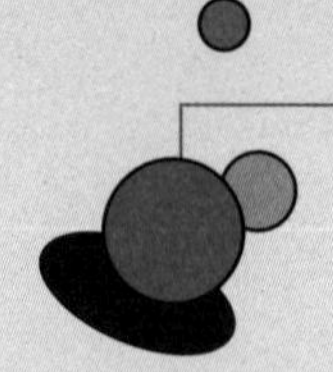

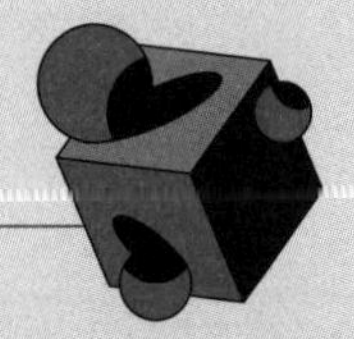

사물의 핵심

나는 이 책을 베이징의 끈적끈적한 여름밤을 보내며 쓰기 시작했다. 하지만 내가 이 책을 처음 구상한 것은 몇 년 전 전혀 다른 저녁, 옥스퍼드의 하트퍼드 칼리지에서 열린 만찬에서였다. 그곳의 분위기는 마호가니 테이블, 정장, 자연스럽게 오가는 담소, 그보다 더 자연스레 서로의 잔에 따라주는 와인을 떠올리면 짐작할 수 있을 것이다.

만찬에서 윌 허튼Will Hutton은 최고의 호스트였다. 정치경제학자이자 작가 그리고 TV쇼 사회자인 그는 선진국에서 한없이 벌어지는 부와 교육의 격차를 크게 걱정했다. 허튼은 정치적으로 진보 좌파의 본능을 타고났고, 대체로 미래를 걱정할 때 서구 사회의 젊은 세대와 결을 같이했다.

허튼은 직함이 여러 개다. 이날 만찬에는 학장 자격으로 참석했다. 그는 흠잡을 데 없는 지도력과 친절하고 사려 깊은 매력이 절묘하게 어우러진 희귀한 종족에 속했다. 사람들은 모두 허튼과 잘 지낸다. 그는 그럴 수밖에 없는 사람이다.

재계 인사와 언론인, 자연과학자와 사회과학자에 이르기까지 각계각층에서 총 스무 명이 참석한 그날의 만찬은 허튼이 구상한 것이었다. 우리는 '파괴적 기술'•을 주제로 토론하기 위해 모였다. 허튼은 점차 수위가 높아지는 기술의 조류潮流가 소수의 배만 들어 올리고 다수는 침몰시킬 위험성을 우려했다. 신기술은 인구 대다수에게 힘을 부여하면서도 거기에서 창출되는 부를 소수에게 몰아주는 경향이 있다. 이는 불공평의 문제와는 별개로 사회 불안을 조장하는 최악의 제조법이 될 수 있다.

사실 나는 식사 후 뒤늦게야 이 모임의 취지를 알았다. 솔직히 파괴적 기술이라는 말도 여기에서 처음 들었다. 열세

• 기존 시장이나 산업 구조를 완전히 바꾼 신제품이나 서비스를 말한다. 와해성 기술이라고도 한다.

살짜리 아들이 집에서 맨날 두들겨대는 드럼을 말하는 게 아니라는 걸 알아차리는 데도 몇 분 걸렸다. 인정하지 않는 친구들도 있겠지만 나는 책벌레가 아니고 경제학자는 더더욱 아니니까 말이다.

허튼의 만찬에서 나와 다른 참석자들을 이어주는 고리라고는 양자 정보 그리고 이 정보를 최대한 응용한 세계에서 가장 작고 빠른 양자 컴퓨터가 유일했다.

양자 컴퓨터는 일단 제작되면 틀림없이 '파괴적 기술'로 여겨질 것이다. '만약'이라고 하지 않은 것에 주목하라. 여기서 파괴적이라는 말은 양자 기술이 완전히 새로운 종류의 문제를 불러온다는 뜻에서 썼다. 물론 이 기술은 기존의 굵직굵직한 문제들을 속 시원하게 해결하겠지만, 그 후에는 여느 신기술과 마찬가지로 상상하지 못한 새로운 문제들을 만들어낼 것이고, 그로 인해 사회는 현재로서는 짐작도 할 수 없는 방식으로 크게 재조정돼야 할 테니까 말이다. 그런 의미에서 파괴적이다.

물리학자인 나는 당연히 물리학에 더 관심이 있다. 그러니까 이런 신기술들의 작동 방식보다 그렇게 작동하는 이유에 더 끌린다는 뜻이다. 분명 나는 최신 기술에 능통한 사람은 아니다. 새로운 사업이나 미디어 트렌드를 좇는 것에는 별로 관심이 없다. 이 전형적인 X세대 아저씨에 비하면 밀레니얼 세대인 내 아이들이 모바일 장비에 훨씬 빠삭하다. "아빠, 아직도 블랙베리•를 써요? 도대체 그게 뭐라고?" 아이들은 내가 마치 블랙베리를 들고 과일가게에 따지러 간 희극 배우라도 된 것처럼 난리다.

그날의 만찬에서 나는 진정한 아웃사이더였다. 식량 부족에서 지구온난화 그리고 과학과 정치의 대중화에 이르기까지 다양한 주제로 활기찬 대화가 오갔다. 모두 거창하고 복잡한 주제들이다. 일개 양자물리학자에게는 특히 더. 우리 양자물리학자들은 대개 마이크로micro의 영역에서 살아가는 반면, 그날의 주제는 분명히 매크로macro적인 것들이었다. 이 대화에서 내가 기여한 거라곤 되도록 일반 대중과 폭넓게 과학을 소통하는 게 중요하다는 확고한 신념뿐이었다. 이 시대의 기술 수준에서는 세계와 미래를 알고 싶다면 반드시 과학을 이해해야 한다. 그 주제가 아니면 나는 달리 끼어들 말이 없었다.

• 캐나다의 블랙베리사가 개발한 스마트폰.

그런데 갑자기 허튼이 나를 보더니, "블라트코, 우리에게 다음으로 주어진 가장 큰 도전이 뭐라고 생각합니까?"라고 묻는 게 아닌가. 순간 홀 안에 정적이 흘렀다.

지극히 평범한 물리학자가 그토록 대단한 세계적 이슈의 선봉에 서 있는 사람들 앞에서 무슨 말을 할 수 있단 말인가? 나는 화살이 나를 향한 것에 놀랐지만, 허튼이 질문한 의도는 눈치챘다. 나더러 위험을 감수하고서라도 우리가 앞으로 마주할 다음 파괴적 기술의 경향을 예측해 보라고 한 것이다. 당연히 누구라도 하기 어려운 일이다.

머리가 허락하기도 전에 말이 먼저 입 밖으로 튀어나왔다. "우리의 가장 큰 도전 과제는 마이크로와 매크로 사이의 간극에 다리를 놓는 것입니다."

내가 말을 다 끝내기도 전에 수긍하는 분위기로 주위가 술렁였다. 솔직히 나는 부연 설명할 기회를 놓쳐서 좀 실망했다. 나는 이 말이 구체적으로 양자물리학자에게 어떤 의미가 있는지 말하고 '슈뢰딩거의 고양이'와 '하이젠베르크의 단절'과 같은 실험에 대해 설명한 다음 양자 컴퓨터에 관해 좀 더 길게 말하려고 했으나 사람들이 틈을 주지 않았다.

내 맞은편에 앉은 애시드 그린색 눈동자를 가진 긴 금발의 여성 화학자가 성급히 말을 꺼냈다. "그게 바로 화학자로서 저의 문제예요. 마이크로 수준에서는 약물을 설계할 정도로 정통한 편이지만, 몸에서 일어나는 복잡한 분자 반응의 그림을 크게 그리려고만 하면 컴퓨터가 충돌해 버리거든요!"

"생물학은 더합니다. 다들 그리 생각해요." 유난히 번쩍거리는 대머리의 덩치 큰 남성이 손을 휘저으며 말했다. "마이크로에서 매크로는 항상 가장 큰 골칫거리예요. 물론 우리도 단순한 생명체에 대해선 잘 알죠. 하지만 줌아웃을 시도할라치면, 그러니까 제 말은, 도대체 어쩌다 생명체가 생명을 가지게 된 걸까요?"

진홍색 넥타이를 맨 경제학자가 내 옆에서 굵은 목소리로 크게 웃으며 말했다. "전 또 어떨 것 같습니까? 정부는 제게 언제쯤 주식 시장이 붕괴될 것 같으냐고 물어요. 개별 금융 거래라면 이 자리에서 백발이 될 때까지 설명할 수 있어요. 하지만 대규모 경제 트렌드 예측? 그런 악몽이 따로 없죠."

"자", 언제쯤 나도 한마디 할 수 있을까 생각하던 차에 눈매가 진지한 일본 여성이 말을 이어받았다. "지금 우리가 거시적 측면에서 인간의 행동을 어떻게 이해할 것인지를 말하고 있는 거라면, 누군가가 여러분에게 공산주의 혁명이 일어난 이유를 물었다고 생각해 보세요. 대규모 집단의 특정한 행동을 설명해야 한단 말이죠. 여러분이 말하는 문제는 제 것에 비하면 감히 새 발의 피라고 말하고 싶네요!"

이렇듯 내가 정곡을 찔렀다는 공감대가 형성되고 있었다. 마이크로와 매크로의 간극gap이 인간의 다양한 활동 영역에서 이 정도로 큰 문제가 되고 있었던가? 논쟁 상대가 나에게 동의하는 건 물리학자로서 참으로 예외적인 경험이다. 더군다나 즉흥적으로 한 말에 대해서 말이다. 물론 그조차 평상시라면 물리학자로서 꿈도 꾸지 못하는 일이긴 하지만.

마침내 내가 말했다. "좀 더 덧붙여 말씀드리죠. 여러분이 하는 과학 중에 우리 양자물리학자처럼 미세한 세계를 다루는 것은 없습니다. 우리는 존재하는 가장 작은 규모를 연구하고 있죠. 감히 제안하는데, 우리 양자물리학자들이 마이크로와 매크로 사이에 다리를 놓을 수만 있다면 여러분의 간극은 흔적조차 남지 않고 사라지게 될 겁니다!"

잠시 침묵이 흘렀다. 그 순간 내가 이론적으로나마 세계를 구한 걸까 하는 의문이 들었다. 이내 사방에서 웃음이 터졌다. "우리 모두의 문제를 해결해 주시오!" "양자역학이 우리를 구한다!" 나는 조용히 따라 웃었다. 그러나 머릿속으로는 딴생각을 하기 시작했다. 그리고 계속 생각했다. 그리고 마침내 이 책을 쓰기로 마음먹었다.

사람들이 마이크로와 매크로 사이의 간극을 이처럼 뒤늦게 인지한 것은 어찌 보면 당연한 일이다. 서구 세계는 지난 400년 동안 지식의 구획화compartmentalisation 덕분에 상당한 성공을 이뤘기 때문이다. 이 과정은 처음엔 중세 이탈리아인들이, 이어서 유럽의 북부 지방 사람들이 자연에서 일어나는 다양한 과정을 속속들이 이해하려면 세심한 실험과 정확한 수학 모델이 있어야 한다고 생각하면서 시작되었다. 이 두 가지, 즉 실험과 수학 모델은 서로 함께 진행돼야 한다. 이런 구획화 과정을 통해 근간이 되는 통찰을 얻은 것도 부인할 수 없는 사실이지만, 그와 동시에 우리가 잃어버린 게 있다. 통합, 유대 그리고 큰 그림을 보는 감각이다.

실험을 하고 그 결과를 바탕으로 모델을 제작하는 방식이 과학을 하는 올바른 방법으로 자리매김하고 17세기 이후 순식간에 퍼져나가면서 영국에서는 산업혁명이 일어났고 그다음 이야기는 모두가 아는 대로다. 오늘날 지구상에서 과학이 이룬 결실을 알지도, 활용하지도, 최소한의 혜택을 받지도 못한 사회는 거의 없다. 아마존과 파푸아뉴기니의 원주민들도 예외는 아니다.

그러나 과학은 여전히 대체로 구획화된 방식으로 작동한다. 원자나 분자처럼 말도 안 되게 작은 물체를 다루는 양자물리학자들은 화학자나 생물학자는 말할 것도 없고 다른 물리학자, 예컨대 천체물리학자의 연구 분야에 대해선 가장 기본적인 내용조차 모르는 경우가 허다하다. 물리학, 화학, 생물학은 모두 자연과학이라는 큰 틀로 묶이고 불가분의 관계인데도 사실상 완벽하게 분리돼 서로 간에 소통이 거의 없는 형편이다.

그날의 만찬에서 동료들이 지적한 것은 이것이 비단 자연과학의 문제가 아니라는 사실이다. 사회과학도 마찬가지다. 목소리 굵은 경제학자가 말한 것처럼 경제학은 심리학과 밀접하게 연관돼 있지만 경제학자들이 다른 사회과학자들을 만날 일은 거의 없다. 미시경제학은 소수의 개인 사이에서 일어나는 금융 자산의 거래를 다룬다. 반면에 거시경제학은 국가가 추진하거나 추진해야 하는 정책에 관한 학문이다.

경제학에서는 마이크로와 매크로 사이의 특별한 간극 하나를 연결해 이해를 크게 늘린 사례가 있다. 이제 미시경제학은 상당 부분 물리학을 본뜨고 있고 많은 물리학과, 수학과 박사과정 학생이 경제학으로 관심을 돌려 대개는 개인 자산을 크게 늘리거나, 심지어 누군가는 노벨상까지 노린다고 말할 정도가 됐다.

미시경제학자들은 엄격한 수학 모델을 차용한다. 이 모델을 통해 사람들이 서로 다른 상황에서 무엇을 선호할지 최종적인 예측이 가능하다. 예측을 한다는 것은 진정한 과학으로 인정받는 데 중요한 특성이다. 예측한 바를 시험하고 검증할 수 없다면 이론적으로라도 명백한 과학적 사실로 보기는 힘들다.

경제학이란 사람들이 왜 그리고 어떻게 선택하는가를 설명하는 학문이다. 적어도 물리학자들에게는 매력적이게도 미시경제학자 역시 실험을 한다. 그러나 경제 모델의 예측 결과와 사람들의 실제 행동은 일치하지 않는 경우가 다반사다. 물리학자에게는 그게 으레 예상되는 바이고, 물리학자에게 그러하다면 인간의 유별난 개성을 일상적으로 다루는 심리학자에게는 더할 것이다.

사람은 원자와 다르다. 사람들은 기분과 감정이 있고 저마다 개성을 지녔다. 물론 물리학자도 그러하다. 이 복잡성에 덧붙여 인간은 자신이 스스로 결정을 내리고 자유의지로 마음을 바꾼다고 생각한다. 그러나 원자를 비롯해 물리학이 다루는 물체들은 그렇지 않다. 그저 자연의 법칙이 내리는 지시를 맹목적으로 수행할 뿐이다.

그리고 원자의 세계와 비교했을 때 경제학자들에게 인간의 복잡성은 거시경제학까지 갈 것도 없이 처음부터 골칫거리였다. 그렇다면 이 둘을 합치는 게 가능할까? 미시경제학(그리고 거기에 사용되는 수학)과 사회과학(인간의 행동)의 통합이 과연 가능한 일일까?

이 질문에 긍정적인 답을 암시하는 짧은 사례를 하나 들어보겠다. 개인 정보 보호를 위해 구체적인 신상을 밝히지는 않겠지만, 실제 내 친구의 이야기라는 것만 말해두겠다.

이 친구 앞에 놓인 딜레마는 이렇다. 그는 조만간 결혼을 해야 한다. 그리고 그에게는 몇 번의 맞선 기회가 있다. 그러나 상황이 좀 복잡해서 맞선은 다음 조건에 따라 진행돼야 한다.

첫째 날, 그는 아내가 될 '후보' 목록에서 무작위로 한 사람을 골라 함께 점심을 먹는다. 그러나 저녁까지는 상대에게 '예스'인지 '노'인지를 말해줘야 한다. 일단 거절의 의사를 내비치고 나면 이 여성에게 다시 돌아가거나 결정을 번복할 수 없다.

둘째 날, 목록에서 두 번째 여성을 선택해 마찬가지로 함께 점심을 먹고 저녁까지 확답을 줘야 한다. 그렇게 이어지는 날에도 같은 절차를 반복한다. 그렇다면 언제 '예스!'라고 말해야 할까? 예를 들어 네 명의 여성을 만나고 모두 거절한 상태에서 다섯 번째로 만난 여성이 앞의 네 명보다 마음에 들었다면 그녀에게 청혼해야 할까? 대면할 기회조차 없었던 나머지 열 명의 여성은 어떤 사람들일까? 열다섯 명의 후보자 중 다섯 번째 여성에게 덥석 청혼하는 건 너무 섣부른 결정 아닐까?

그러나 잠깐! 다른 후보가 버젓이 남아 있는데 얼굴 한번 못 보고 당장 눈앞의 여인과 되돌릴 수 없는 미래를 결정하라니 무슨 이따위 절차가 다 있는가? 내 친구의 경우는 그가 속한 사회의 문화 규범이 그러하다. 방금 그가 함께 점심을 먹은 여성의 부모는 그날 저녁까지 대답이 올 거라고 기대한다. 확답을 주지 않는 건 그 가문을 무시하는 행동이고, 그렇게 되면 앞으로 좋은 신붓감을 소개받기는 글렀다고 봐야 한다. 소문은 빠르게 돌고 도니까.

어쩌면 당신은 이것이 지독하게 낭만적이지 못하다고 생

각할지도 모른다. 그러나 많은 나라에서 여전히 남녀를 이런 식으로 짝짓는다. 따지고 보면 오히려 예외는 서양인들이다. 그 역시 지난 50년 사이에 급속히 바뀐 것이지만. 그전에는 세계 대부분이 중매로 결혼했다.

흥미롭게도 이 짝짓기 문제에는 최고의 해결책이 있다. 후보의 수가 많을수록 더 많이 만나본 다음 청혼하는 게 당연하다. 그러나 표본 수가 적당히 크다는 전제하에 최적값을 구할 수 있다. 우선 n 나누기 e 값을 구한다. 여기에서 n은 전체 후보자 수이고, e는 신비하고도 보편적인 오일리 수(약 2.71)를 말한다. 그런 다음 이 계산값 이후에 만난 여성 가운데 앞에서 본 다른 여성보다 마음에 드는 첫 번째 여성에게 마음 놓고 청혼하면 된다.

내가 여기에서 당신이 책을 덮을 위험을 감수하면서까지 굳이 설명하지는 않을 간단한 대수학을 사용하면 이 결과를 증명할 수 있다. 그러나 소름 돋게도 이 최적의 해결책은 우리의 본능이 내린 결론에 가깝다. 내가 친구들과 다수의 동료에게 이 상황에서 몇 명이나 만나보고 청혼하겠냐고 물었을 때 대부분이 절반이라고 답했다. 이제 $1/e$이라는 최적값은 1/3과 1/2 사이 어디쯤에 있다. 그러므로 사람들의 직관은 크게 틀리지 않았다.

이쯤에서 잠시 매크로의 세계로 넘어가보겠다. 정치인들은 개별 커플이 만나 결혼에 합의하는 과정에 별로 관심이 없을 수도 있다. 남녀가 만나는 과정은 정치인들이 시시콜콜 개입할 문제가 아니기 때문이다. 그리고 실제로도 그들과는 상관없는 일이다. 비록 그들은 아주 자주 상관 있기를 바라지만. 그러나 정치인들도 자기네 국가의 전반적인 결혼 문화와 경향에 대해서는 분명 대단히 신경을 쓸 것이다. 안정적인 결합 속에서 더 안정되고 잘 교육받고 균형 잡힌 아이들이 나올 것이고, 그다음에 이들이 사회에도 더 긍정적으로 기여하리라고 기대하기 때문이다. 이런 식의 일반화를 용서하시길.

내가 앞에서 설명한 모델로 전반적인 사회의 경향을 파악할 수 있다면 그건 실로 대단한 능력이 될 것이다. '고령화 시한폭탄'을 막아보려는 한 정치인이 있다고 하자. 선진국에서 사망률이 출생률을 초과한다는 사실은 조만간 성인 한 명이 가족 내에서 어린 자식과 추가로 은퇴한 사람 한 명을 더 부양해야 한다는 뜻이다. 이런 상황에서 앞으로 50년 후에 평균 몇 쌍이 결혼을 하고 몇 명의 아이를 낳을 것인지 예측할 훌륭한 미시적 모델을 손에 쥐고 있다면 정책 결정에 아주 큰 도움이 되지 않겠는가.

맞선의 결말? 내 친구에게 주어진 배우자 후보 목록에는 총 일곱 명의 여성이 있었다. 원래는 일흔 명이 넘었는데 행운의 숫자 7로 줄인 거라고 했다. 결국 그는 세 번째 여성에게 청혼했는데, 그것은 $7/e$, 즉 2.6이라는 최적의 해결책에 가깝다. 로맨틱하지 않게 보일까 봐 확실히 해두자면, 그녀는 아주 멋진 여성분이고 자신이 이 책의 독자들에게 일개 등식의 계산값으로 알려진다는 사실을 분명 탐탁해하지 않을 것이다.

나도 안다. 방금 제시한 결혼 모델은 지극히 단순화된 것이다. 이 모델은 선택의 자유, 인간의 본성, 그 밖의 여러 가지 인간의 불완전한 측면을 고려하지 않았다. 그러나 내가 말하려는 핵심은 다 들어 있다. 우리는 미시적인 것은 잘 알고 있어도 거시적인 사회 경향을 예측하는 방법은 모를 때가 많다. 좀 전의 모델은 비록 단순화됐으나 우리에게 많은 것을 가르쳐준다. 확정적인 예측일수록 현실에서 더 쉽게 오류가 드러난다. 그래서 더 쉽게 개선될 수 있다. 핵심은 이것이다. 예측 결과가 실험 결과와 별 차이가 없어질 때까지 계속해서 다듬어나가는 것.

하지만 우리가 마이크로와 매크로 사이의 간극에 다리를 놓으려고 시도하지 않는다면 어떻게 될까? 그 결과 분리주의가 심해지고 통합과 이해는 요원해지면서 수많은 시간을 낭비하게 될 것이다. 우리에게 주어진 시간은 무한하지 않다. 에너지나 심지어 돈 같은 다른 자원도 마찬가지다. 개별 국가 입장에서 왜 계속해서 환경을 오염시킬 수밖에 없는지는 잘 알고 있다. 산업과 기반시설의 확충과 경제 성장을 위해서다. 하지만 모든 나라가 너도나도 지속해서 환경을 오염시킨다면 곧 모두에게 훨씬 큰 불행을 초래하게 되리라는 것도 분명히 알려진 사실이다. 그렇다면 미시경제학과 사회과학에서 거시적 환경 문제를 해결할 방법을 찾을 수는 없을까?

나는 일화를 정말 좋아한다. 그래서 마이크로와 매크로 사이의 간극이 일으키는 문제에서 아무 교훈도 얻지 못했을 때 우리가 거듭 반복하게 될 역사와 관련해 일화를 하나 더 설명할 테니 양해해 주길 바란다. 아니, 두 개 더. 첫 번째는 잘 알려진 '죄수의 딜레마'다. 자, 지금 경찰은 함께 범죄를 저지른 것으로 추정되는 죄수 둘을 각각 다른 방에서 심문하고 있다. 간단히 각 죄수에게는 두 가지 선택권이 있다고 하자.

협력(입을 다물고 경찰에게 아무것도 시인하지 않아 공범자에게 협조한다) 또는 배신(경찰에게 범죄를 시인하고 공범자를 밀고한다)이다.

배신한 사람에게는 당연히 형량이 줄어든다는 유혹이 있다. 결국 그게 경찰이 죄수를 설득해 변절하게 만드는 방법이다. 그러나 만약 둘 다 입을 다물고 협력한다면 그때도 형량은 짧아진다. 단, 양쪽 모두 배신하는 경우는 결과가 좋지 않다. 범죄 사실의 인정 여부를 떠나 둘 다 유죄가 되기 때문이다. 그러나 이 게임을 합리적으로 분석해 보니 결국 배신이 최선이라는 결과가 나왔다. 그 이유는 다음과 같다.

지금 자신이 심문을 받는 죄수 중 한 명이라고 생각해 보자. 당신은 이렇게 생각할 것이다. 공범을 배신하면 내 형량은 줄어든다. 이때 공범이 입을 다문다면 그의 형량은 늘어날 것이다. 하지만 반대로 공범에게 협력했을 경우, 그가 나를 배신한다면 협력한 나만 우스운 꼴이 된다. 고로 나는 배신해야 한다. 따라서 내 공범이 어떤 선택을 하든 그를 배신하는 것이 항상 나에게는 더 좋은 결과를 가져온다는 결론을 내릴 수 있다. 하지만 문제는 상대도 나와 똑같이 생각할 거라는 데 있다. 이 게임은 양쪽에게 똑같은 조건을 제시하기 때문이다. 그러므로 같은 논리에 따라 공범 역시 배신을 선택할 것이다. 그리고 그 결과는 모두에게 최악이다. 둘 다 협력하는 게 가장 좋지만 서로 따로 심문받고 있으므로 입을 맞추기는 어렵다.

죄수의 딜레마에서 참가자 수만 늘어난 버전이 '공유지의 비극'이다. 이 사례가 우리를 환경의 영역으로 되돌려놓는다. 어느 마을에 공유지가 있는데, 마을 사람들이 이곳에 양 떼를 풀어 풀을 뜯게 한다. 이 공유지를 효율적으로 관리하려면 방목한 양의 수가 적정하게 유지돼야 한다. 양이 너무 많으면 공유지는 황폐해질 것이고, 반대로 양의 수가 너무 적으면 땅을 놀리는 셈이 된다.

그렇다면 마을 사람 그 누구도 자기가 키우는 양을 적정한 수 이상으로 늘리지 않을 거라고 예상할 수 있다. 정말 그럴까? 그렇지 않다. 죄수의 딜레마에서처럼 각자는 다른 사람들에게 협력하지 않고 무작정 제가 풀어놓는 양의 수를 늘림으로써 이익을 보려고 한다. 공유지의 유지비는 마을 전체가 부담하므로 개인에게 손해될 일이 없기 때문이다. 그러나 모두가 이런 생각으로 공유지를 남용한다면, 곧 땅은 회복될 수 없는 상태가 되고 말 것이다.

오늘날에는 이런 식의 마을 공유지가 없지만, 전체에게 돌아가는 최선의 이익을 고려하지 않고 개인의 이익에 따라 행동하는 비슷한 사례는 많이 있다. 만약 미시적 관점으로 거시적 현상을 설명할 수 있고, 마이크로와 매크로 사이의 틈을 더 많이 메꿀 수 있다면 우리는 아마 지구와 인류를 현재의 예상보다 조금 더 오래 살릴 수 있다는 희망을 품게 될 것이다.

마이크로와 매크로를 연결하는 연구 중에서도 내 개인적 관심은 양자물리학을 좀 더 큰 물체에 적용하는 데 있다. 양자물리학은 원자나 광자(빛의 입자)처럼 작은 입자들을 설명할 때는 전혀 오류가 없다. 그러나 테니스공처럼 큰 물체는 양자와는 다른 물리 법칙을 따른다. 테니스공은 전적으로 뉴턴의 법칙, 힘(F) = 질량(m) × 가속도(a)에 따라 움직인다. 원자와 테니스공 사이의 어디쯤 마이크로 영역에서 매크로 영역으로 가는 길이 있을 것이고, 내 연구는 이 특별한 전이 과정에 중점을 둔다.

나는 물리학자이고 물리학자의 눈으로 자연 세계를 이해하려는 경향이 있다. 이 점에서 나는 예외가 아니다. 물질과 에너지의 상호작용을 밝히고 이를 복잡한 시스템에 적용하는 학문으로서 물리학이 점차 제 영역 밖에서 받아들여지고 있다. 하지만 그 이유가 뭘까? 또 그 목적은 무엇일까?

화학이나 생물학이 연구하는 계system를 예로 들어보자. 일반적으로 양자물리학의 법칙은 화학 법칙의 기본 바탕으로 여겨진다. 여기에서 화학 법칙이란 원자가 결합해 분자가 형성되는 과정을 말한다. 생물학의 경우는 생물학을 물리학의 하위 분야로 봐야 한다는 주장까지 있다. 생물물리학은 그 자체로도 성장하는 학문으로 약물 시험에서부터 생명 공학에 이르기까지 응용 분야에서 중요성이 크다.

더 큰 시간의 척도에서 보면 이해가 쉽다. 물리 법칙은 138억 년 전, 우주의 탄생과 동시에 시작됐다. 화학은 훨씬 나중에 별이 만들어지고 그 안에서 무거운 원자들이 생성되면서부터 중요해지기 시작했다. 생물학은 그보다도 훨씬 뒤인 생명의 진화와 함께 시작하는데, 적어도 지구에서는 약 40억 년 전으로 추정된다.

그러나 물리학의 영향력은 자연과학을 훌쩍 뛰어넘는다. 이제 경제학자를 포함한 사회과학자들은 물리학에서 모델을 만들 때와 유사한 수학의 정량적 방식으로 사고하기 시작했다. 경제학은 인간에서 출발했지만, 인간 사이의 거래를 설명하기 위해 사용되는 수학은 생물학에서도 강력한 힘을 발휘한다. 내가 앞에서 설명한 짧은 사례들은 미시경제학에서 전형적으로 다뤄지는 것들이다. 다른 사회과학 분야에서도 물리학이 개척한 방법에 근거한 실험적 기술을 이용하기 시작했다. 간극은 차츰 좁혀지고 우리 모두 거기에서 이익을 얻고 있다.

그렇다면 나는 왜 이 책을 썼을까? 내가 공유하고 싶은 것은 무엇일까? 나는 여행을 떠날 생각이다. 이 책에서 우리는 다양한 학문 분야에 존재하는 마이크로-매크로의 간극을 들여다보면서 이미 다리가 놓인 곳, 또 아직 간극이 남아 있는 곳을 찾아가는 시공간 여행을 떠날 것이다. 우리는 과학의 여러 분야를 비행한다. 옥스퍼드에서는 물리학을, 화학의 좀 더 큰 그림을 보기 위해서는 베이징과 만리장성으로 날아가고, 싱가포르에서는 생물학을, 경제학을 위해서는 두바이의 메탈리카 공연장까지 갔다가 마침내 사회과학이 가는 길에 갈채를 보내며 벨기에 극장에서 마무리 짓는다. 여행하는 내내 간극과 환원의 문제는 다음의 큰 질문과 함께 내 머릿속에서 떠나지 않았다. 간극은 과학하는 방법의 본질인가? 언젠가 이 간극이 모두 사라지는 날이 올 것인가?

새로운 간극은 과학의 발견과 함께 좁혀진다. 간극들은 기원과 원인이 모두 다르다. 그 일부는 마이크로 영역에, 다른 일부는 매크로 영역에, 또 나머지는 둘 사이의 간극과 관련이 있다. 우리는 "왜 이 간극이 아직도 벌어져 있는가?"라는 질문을 던지며 간극의 수학적, 기술적, 철학적 뿌리를 탐구할 것이다. 어쩌면 남아 있는 간극도 그저 아직 채워지지 않았을 뿐일지도 모른다. 우리는 마이크로와 매크로 사이의 간극에 집중해야 한다. 만약 물리학에서의 가장 큰 간극, 즉 미시적 양자와 거시적 중력 사이의 간극이 메워진다면, 그로 인해 다른 과학의 간극까지 좁혀질까? 이 책에서 나는 마이크로와 매크로 사이의 모든 간극이 좁혀지는 이 가상의 사건을 '대환원Great Reduction'이라고 부르고자 한다.

사실 나는 조금 주저하는 마음으로 이 책을 썼다. 왜냐하면 내가 물리학 이외의 주제를 논할 실질적 권한이 없는 일개 물리학자임을 잘 알기 때문이다. 어쩌면 지나친 단순화로 다른 과학에 종사하는 사람들에게 불쾌감을 줄 수도 있을 것이다. 그 점에 대해 미리 진심으로 용서를 빈다. 나는 그저 내가 엮어내는 복잡한 태피스트리•를 보며 독자가 내 무지를

• 다양한 색실로 그림을 짜 넣은 직물.

넘어 더 큰 그림을 볼 수 있기를 희망할 뿐이다.

또한 나는 이 책에서 지극히 좁은 의미의 환원주의reductionism를 말한다. 사실 환원주의라는 주제는 너무 광범위해서 이렇게 다양한 변이들이 환원이라는 한 단어로 묶인다는 것 자체가 놀라울 정도다. 환원주의에는 종류만 나열해도 이 책보다 길어질 많은 유형이 있고, 나는 그저 그중의 하나를 말하고 있을 뿐이다. 한 이론 또는 현상의 한 집합을 다른 이론과 집합으로 환원한다는 것이 어떤 의미인지에 관해서는 다양한 관점이 있다. 다시 한번 환원주의에 대한 나만의 환원주의에 대해 사과한다.

우리는 신나는 시대에 살고 있다. 그것은 옥스퍼드 만찬에서 모두가 동의한 바다. 우리는 과학 혁명의 한복판에 있다. 자연과학자들과 사회과학자들에게는 이 주제로 할 말이 산더미처럼 많다. 20세기 후반기에 이 혁명이 시작되기 전부터 과학은 잔인하게 분리됐고, 각 분야는 격리된 상태로 연구되고 이해되었다. 제2차 세계대전 이후 우리의 이해는 물리 법칙처럼 근본적인 양적 법칙으로 환원되기 시작했다. 그러나 아직 갈 길은 멀다.

왜 이런 간극의 본질을 이해하려고 하는가? 왜 대환원이 일어날 가능성을 추측하는가? 물론 우리의 지성은 복잡한 법칙을 단순화하는 것에서, 다시 말해 여러 법칙을 한꺼번에 설명할 수 있는 보편적 법칙을 찾아내 복잡성을 줄이는 것에서 깊은 만족감을 느낀다. 케플러는 복잡해 보이는 행성의 운동을 설명하는 아주 간단한 기하 법칙에 도달한 순간에 "이 발견으로 내가 느낀 쾌락은 결코 말로 다 할 수 없다"라고 말했다. 그러나 나는 단순한 쾌감 이상의 것이 있다고 믿는다.

나는 현실에 대해 이처럼 깊고 완전히 이해할 수 있는 사회라면 다른 어떤 사회보다 영적으로나 기술적으로 모두 우수하다고 믿는다. 영적인 측면은 인류의 안녕으로 이어지고, 기술적인 측면은 인구 과밀, 자원 고갈, 오염된 환경의 문제를 안고 있는 이 지구에서 탈출할 유일한 전략을 제시할 것이다.

그 이상으로 나는 대환원이 이루어진다면 영적인 영역과 기술적 영역을 나누는 바로 그 경계가 사라질 거라고 믿는다. 종교와 철학은 우리에게 완벽하고 일관된 우주의 그림을 보여준다는 일차적인 목적과 함께 세워졌다. 종교와 철학은 우리에게 안전과 안심을 준다. 나는 대환원도 같은 일을 할 수 있다고 믿는다. 연결과 완성에 대한 열망은 인간의 가장 깊은 욕망과 동기의 밑바닥에 깔려 있다. 만약 이처럼 지연된 처방을 전달하는 것이 과학의 일이라면, 그것은 인류를 진정으로 구원할 대통합을 방해하는 이 간극들을 폐쇄함으로써만 가능할 것이다.

+ 1장 +

물리학

PHYSICS

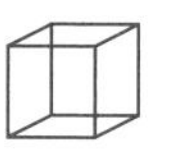

자동차가 어떤 원리로 굴러가는지 알고 싶다면 손을 더럽혀야 한다. 이 짐승을 제대로 이해하려면 가까이 가서 직접 부품을 확인해야 하기 때문이다. 각 부품을 움직이는 미시적 규칙에서 거시적 규칙이 결정된다. 직관적으로 생각해도 그리되는 게 옳다. 전체는 부분의 합이다.

물리학은 자동차 부품보다 훨씬 작은 규모를 다루지만 기본 논리는 같다. 물리학자는 원자를 논한다. 이 책에서는 원자의 종류보다 원자의 운동에 대해서 다룬다. 물론 원자의 종류만 가지고도 여러 권의 책을 쓸 수 있다.

개별 원자의 운동을 하나로 모아 원자의 집단행동을 설명한 최초의 천재는 오스트리아 출생 물리학자 루트비히 볼츠만Ludwig Boltzmann이다. 개별 원자는 저마다의 방식으로, 또 대개는 아무렇게나 움직이므로 무수한 원자가 모인 집합에 대해선 그 어떤 것도 정확하게 말할 수 없다는 게 상식적인 생각일 수도 있다. 그러나 지금 우리가 물리학에서 마이크로와 매크로를 잇는 첫 번째 선을 긋는 시점에 무작위성randomness은 오히려 도움이 된다.

일단 우리가 지금 얼마나 작은 것을 논하고 있는지 감을 잡도록 해주겠다. 원자의 크기는 나노미터 단위로 잰다. 1나노미터는 10개의 원자가 한 줄로 늘어선 길이다. 수학적으로는 1미터의 10억 분의 1이다. 사람으로 따지면 머리카락 또는 수염이 1초 동안 자라는 길이다. 다시 말해 당신의 머리카락이 1초에 원자 10개의 길이쯤 자란다는 뜻이다. 만약 방금 자르고 온 머리가 영 마음에 들지 않는다면, 즉 그 길이가 몇 센티미터라면 머리카락이 다시 자랄 때까지 한 달 정도 두문불출해야 한다. 그 몇 센티미터란 약 1억 개의 원자가 일렬로 줄을 선 길이와 같다.

이와 비교했을 때 눈에 보이는 우주의 크기는 대략 1,000,000,000,000,000,000,000,000,000(10^{27})배 더 크다. 머리카락

이 그 정도로 길게 자랄 무렵이면 오래전에 백발이 됐을 것이다. 크기로만 보자면 우리가 앞으로 다룰 마이크로에서 매크로로의 전이는 사실상 광대한 우주를 가로지르며 그 안에서 일어나는 '모든' 현상에 해당한다. 뭐 그쯤이야.

오늘날 우리는 실제로 원자를 현미경 아래에서 볼 수 있는 덕분에 이 세계에 원자가 존재한다는 사실을 잘 알고 있다. 단, 노벨상까지 탄 아주 특별한 현미경이어야 한다. 100년 전만 해도 사정은 달랐다. 당시에는 원자의 존재를 증명하는 간접 증거만 있었다. 그리고 그 증거는 물리적 세계의 한 미시적 측면을 거시적 측면과 연결하는 핵심 고리 중 하나다. 눈으로 볼 수 없다면 그것이 실재하는지 무슨 수로 알겠는가?

잠시 내 얘기를 좀 하겠다. 나는 원자에 대한 생각을 제일 처음 떠올렸던 때가 또렷이 기억난다. 그때 나는 학교에서 단체로 비행기를 타고 경이로울 정도로 아름다운 크로아티아 해변 위를 날고 있던 여드름투성이의 사춘기 10대였다. 창밖을 보고 있는데 문득 엔진만으로는 항공기가 하늘을 나는 원리를 절반밖에 설명하지 못한다는 생각이 들었다. 엔진은 비행기를 앞으로 밀어내는 역할밖에 하지 못한다. 그렇다면 비행기를 위로 들어 올리는 힘은 어떻게 발생하는 걸까?

로켓의 경우는 엔진이 연료를 아래쪽으로 분사해 위쪽으로 로켓을 밀어낸다. 즉, 뉴턴의 '작용과 반작용의 법칙' 덕분이다. 하지만 비행기는 다르다. 비행기는 위쪽의 공기 무게 때문에 이륙이 훨씬 어렵다.

이 이야기의 반전은 비행기가 움직일 때, 날개 밑으로 이동하는 원자를 위쪽으로 떠받치는 압력이 날개 위로 이동하는 원자를 아래로 누르는 압력보다 크다는 데 있다. 비행기를 뜨게 하는 양력揚力이 생기는 원리다. 다시 말해 양력은 원자의 움직임과 원자가 날개에 부딪힐 때 생기는 압력 때문에 생기는 힘이다. 그렇다면 원자가 없다면 비행기는 날 수 없다. 따라서 공기가 희박한 고도 1만 미터 이상에서 비행기는 날지 못한다. 그 순간 내 머릿속에 깨달음의 번개가 내리꽂혔다. 내가 지금 비행기를 타고 날고 있다는 사실이 바로 원자의 존재를 증명하는 간접 증거 아닌가! 눈으로 직접 봤거나 물리적으로 겪었을 때만 직접 증거에 해당하므로 나는 여기서 '간접'이라는 말을 썼다. 사춘기 10대의 생각치고 어딘가 비정상적인 사고의 흐름일지 모르지만, 나는 그런 게 좋았다. 내가 이러한 깨달음을 얻는 데 사춘기 내내 연애 한 번 못 해본 사실이 얼마나 일조했는지는 모르겠다.

실제로 지난 20년간 발생한 모든 비행기 사고의 절반 이상을 설명할 때 위쪽으로 떠받치는 기압과 아래쪽으로 누르는 기압 사이의 불균형이 등장한다. 항공기가 똑바로 날지 못하고 기울어진 상태로 어느 시점에 양력을 잃으면 '공기역학적 실속失速'이라고 알려진 현상이 일어나 비행기가 추락하게 된다. 이때 조종사의 능숙한 조종으로 실속 상태에서 벗어날 수도 있지만, 미처 손을 쓰지 못할 때도 있다. 2009년 6월 1일, 브라질의 리우데자네이루에서 파리로 향하던 에어프랑스 447편이 추락했다. 승객과 승무원 228명 전원이 사망한 당시 사고의 원인이 바로 실속이었다.

라이트 형제는 1903년에 처음으로 비행기를 타고 날았다. 그때 이미 우리는 원자의 존재를 알아챘어야 했다. 사실 뭘 알고 있는지도 몰랐겠지만. 라이트 형제의 첫 비행 2년 후에 아인슈타인은 원자의 존재를 확정짓는 최종 승인과도 같은 논문을 발표했다. 우연일까? 논리에 담긴 영혼은 놀라울 정도로 유사했다. 하지만 아인슈타인은 비행기를 사용해 원자의 존재를 증명하지 않았다. 대신 그는 '브라운 운동', 즉 무작위적 운동을 하는 먼지 입자를 사용했다. 1827년에 이 운동을 최초로 목격한 생물학자 로버트 브라운Robert Brown의 이름을 딴 것이다. 브라운 운동은 시험관 안에서 부유하는 먼지들이 마치 술에 취한 유령을 보지 못하도록 마구 밀치고 다니는 것처럼 정신없이 돌아다니는 현상을 뜻한다.

아인슈타인은 브라운 운동의 발생 원인을 먼지 입자가 폭탄을 맞았기 때문이라고 가정했다. 가해자는 술 취한 유령이 아니었다. 뭣 하러 유령이 먼지 따위에 시비를 걸며 시간을 낭비하겠는가. 범인은 제멋대로 돌아다니는 수많은 작은 물체, 즉 원자들이다. 그는 심지어 한발 더 나아가 이 운동의 자세한 면면을 정확히 측정해 먼지가 돌아다니는 시험관 속 원자의 수를 추론해 냈다. 그것이 '아보가드로 수'이다. 이 수는 약 1.14리터의 물속에 들어 있는 원자의 개수로, 숫자 1 뒤에 0이 스물여섯 개 붙은 큰 수다. 물리학을 하는 사람들은 통이 좀 크다.

같은 해에 아인슈타인은 또 한 번 마이크로와 매크로를 연결했다. 아인슈타인은 기체가 원자로 이루어졌다면, 빛도 다르지 않다는 결론을 내렸다. 빛의 원자를 광자라고 부른다. 이 결론에 이르기 위해 그는 마이크로로 매크로를 설명하는 일반적인 방식을 뒤집고 매크로에서 시작했다.

열역학 법칙을 적용했을 때 상자 속 빛의 방정식에서 엔트로피(무질서도)와 부피 사이의 관계는 그에 상응하는 다수의 원자로 구성된 기체의 방정식에서와 동일하다. 그러므로 아인슈타인은 빛과 기체가 거시적 수준에서 똑같이 행동하므로 밑바탕에 있는 미시적 원인 또한 같아야 한다고 주장했다. 이것은 우리가 여러 과학에서 반복해서 보게 될 강력한 추론이다. 그런 이유로 아인슈타인은 빛의 원자는 존재한다고 말했다. 거기에서 멈추지 않았다. 그는 광자의 존재를 좀 더 직접적으로 증명할 실험을 제안했다. 이것이 1921년에 그에게 노벨상을 선사한 '광전효과photoelectric effect'•다.

아인슈타인에서 훨씬 과거로 거슬러 올라가면 다니엘 베르누이Daniel Bernoulli의 천재적인 업적을 만날 수 있다. 1905년에 아인슈타인이 논문을 대량 생산해 내기 전, 베르누이는 과학계가 원자의 존재를 의심하던 분위기 속에 원자를 발견했다는 점에서 더 천재적이다. 그는 뛰어난 자손을 꾸준히 배출한 기적의 가문 출신으로 다니엘, 야코프, 요한, 니콜라우스가 모두 수학과 과학에서 중요한 공헌을 했다. 그는 기

• 금속에 빛을 쪼이면 금속에 속박된 전자가 흡수된 광자와 충돌해 금속 밖으로 튀어나오는 현상.

체의 거시적 행동과 원자의 미시적 운동을 연결함으로써 간극을 좁힌 의미 있는 업적을 남겼다. 이 업적은 이후에 증기기관을 탄생시켰다.

이 연결 과정을 이해하게 된 순간이 기억난다. 나는 고등학생이었던 열여섯 살에 마침내 기도의 응답을 받아 보야나 니키치Bojana Nikić 선생님을 만났다. 이때가 내가 학교에서 훌륭한 물리 교사에게 배운 처음이자 마지막이었다. 나는 당시 학교에서 아무리 엉망으로 가르쳤어도 물리가 좋았다. 그런 만큼 내가 물리학자가 될 운명임을 진작 알고 있었다.

하루는 니키치 선생님이 수업 시간에 "이제 뉴턴의 법칙을 사용해 열역학에서 기체의 상태 방정식을 유도해 봅시다"라고 하셨다. 교실의 아이들 대부분은 선생님이 이디시어Yiddish라도 말하는 것처럼 눈만 껌뻑대고 있었지만 나는 아니었다. 그 말이 나에게는 마치 마법의 주문처럼 들렸다. 그렇다. 당시까지도 나는 연애를 하지 못하고 있었다.

기체의 상태 방정식은 기체의 압력, 온도, 부피라는 세 가지 특성을 하나의 공식으로 연결한다. 그것은 기체의 압력과 부피가 온도에 비례한다는 원리로, 온도가 같을 때 기체의 부피가 늘어나면 압력은 줄어든다. 기체의 부피가 크다는 것은 별까지 가는 거리가 멀다는 의미이고, 밀도가 낮아 기체 분자가 벽에 덜 부딪힌다는 뜻이다. 따라서 분자가 벽을 때릴 때 가해지는 힘인 압력의 크기는 줄어든다. 열역학 방정식은 기체의 거시적 특성을 설명할 뿐, 기저에 있는 미시적 행동이 원자와 분자에 기반한다는 사실은 전혀 신경 쓰지 않는다. 기체 원자의 운동에서 상태 방정식을 추론한 것은 물리학 최초의 중요한 환원이었고, 전부 베르누이에게 빚진 셈이다.

베르누이는 기체에 압력이 생기는 것은 기체가 용기 안에서 마구 돌아다니며 벽을 때리는 작은 원자들로 이루어졌기 때문이라고 상상했다. 그런 다음 그는 뉴턴의 법칙을 사용해, 이 원자들이 벽에 부딪힐 때 발생하는 압력은 원자의 수, 질량, 속도의 제곱에 비례한다고 주장했다. 이어서 그는 약간의 통계를 사용했다. 원자들이 완전히 무작위적으로 돌아다니므로 원자의 운동을 계산하려면 통계가 필요하다. 이때 어느 방향에서든 원자를 찾을 확률은 같다. 베르누이는 이것을 추론 과정에 적용해 기체의 압력은 실제로 온도에 비례하고(온도는 단지 원자의 에너지를 말한다. 즉, 질량 곱하기 속도의 제곱), 부피에 반비례한다는 것을 증명했다.

그래서 기체의 상태 방정식은 부피와 압력과 온도가 같은 두 기체에는 실제로 같은 수의 원자가 들어 있음을 보여준다. 그것만으로도 흥미로운 일이지만, 이것을 뉴턴의 힘의 법칙으로 설명할 수 있다고 생각하니 열여섯 살짜리 아이의 마음에는 크나큰 충격이었다. 그것은 지금도 마찬가지다. 어떻게 물리를 사랑하지 않을 수 있겠는가. 이처럼 물리는 겉으로 무관해 보이는 현상들이 실은 하나의 법칙이 적용된 결과임을 아름답게 보여준다.

기체의 거시적인 행동을 원자의 미시적인 운동과 연결하는 것이 지적으로 즐거운 일임은 틀림없다. 복잡해 보이는 현상의 밑바탕에 단순한 현상으로 환원되는 과정이 있다는 사실은 언제나 아름답다. 그러나 여기에는 기술적 이점도 존재한다. 이러한 거시적 차원의 연구가 증기 기관과 같은 원리도 설명해 준다.

증기를 가열하면 팽창한 증기는 일을 할 수 있다. 그러나 이것을 미시적 측면, 즉 원자의 측면에서 접근하면 좀 더 효율적으로 활용할 수 있고 훨씬 많은 정보를 부호화할 수 있다. 이것이 노벨상 수상자인 미국 물리학자 리처드 파인만Richard Feynman이 "바닥 세계에는 빈자리가 많이 있다There is plenty of room at the bottom"라는 근사한 제목으로 논문을 쓴 이유다. 나노와 양자의 영역을 탐험하면 훨씬 많은 일을 할 수 있다는 뜻이다. 이처럼 최초의 환원은 과학을 바꾸고 기술을 바꾸고 우리가 아는 세상을 바꿨다.

양자물리학에서 최초로 다리를 놓는 데 성공한 또 다른 사례는 각설탕이나 분필을 비롯해 살아 있지 않은 고체로 된 모든 물체의 행동을 원자의 양자적 행동으로 설명한 것이다. 양자물리학 이전에 존재했던 퍼즐 중 하나는 다음과 같다. 어떤 고체를 뜨거운 환경에 두면 그 물체도 뜨거워지기 시작한다. 이때 외부의 온도를 올리면 물체가 더 많은 열을 흡수하면서 물체의 온도도 점점 올라간다. 여기에 무슨 문제가 있다는 것일까?

고전물리학으로는 이 현상을 설명할 수 없다. 고전물리학은 일정량의 고체의 열용량*은 외부 온도와 무관하다고 설명한다. 그러나 실제로 열용량은 외부 온도가 올라갈 때 같이 증가한다. 이것을 설명할 유일한 방법은 고체가 가열되면 고체 속 전자가 움직이면서 원자가 점점 더 많이 진동한다고

* 어떤 물질의 온도를 1도 높이는 데 드는 열의 양.

가정하는 것이다. 온도가 올라갈수록 더 많은 전자가 움직이고 원자는 더 격렬하게 흔든다. 그 결과 열용량이 더 높아진다. 하지만 고전물리학에서는 이 현상을 설명하지 못한다. 그리고 그걸 처음으로 지적한 사람이 바로 아인슈타인이다.

"신은 주사위 놀이를 하지 않는다"라고 강경하게 말한 그는 끝내 양자물리학에 등을 돌렸으나, 초기에는 당시의 어떤 물리학자보다 양자물리학을 정리하기 위해 많은 일을 했다. 그의 초기 직관이 옳았다는 사실은 말할 필요도 없다. 아직까지 양자물리학으로, 심지어 높은 정확도로 설명하지 못하는 실험은 없다. 물리학자들은 어떻게 해서든 틈을 메우고 싶어 한다. 그래서 결연히 열린 채 버티는 간극들은 언제나 나에게 가장 큰 좌절을 선사한다.

다시 아인슈타인이다. 이번에는 상대성 이론이다. 특수상대성 이론은 1905년에 발표한 수많은 논문 중 하나였고, 일반상대성 이론은 1915년 즈음에 완성됐다. 그럼 이제 원자라는 양자 수준에서 줌아웃해 우주를 지배하는 힘의 하나인 중력을 살펴보자.

우리는 오랫동안 우주가 전자기력, 중력, 약력, 강력의 네 가지 힘에 의해 지배된다고 믿었다. 전자기력과 약력, 강력은 모두 양자적 설명과 잘 부합되고 여기에는 어떤 간극도 남아 있지 않다. 그러나 중력이 문제다. 중력을 설명하는 이론인 상대성 이론과 양자물리학이 어울리지 않는 이유가 여기에 있다. 이것은 물리학에 현존하는 가장 큰 간극이며, 크기의 차원에서 현실을 이해하려는 모든 시도 중에서도 가장 큰 간극이다. 중력은 아주 먼 거리를 지배하고 행성, 별, 성단, 은하계 등 우주의 전반적인 특징을 설명한다. 반면에 양자물리학은 사물을 가장 작은 규모에서 설명한다. 두 이론은 각자의 영역에서 대단히 성공했으나 샴페인과 시가처럼 합쳐질 수는 없었다. 둘 다 삶에 활력을 주는 기쁨이지만 안타깝게도 함께할 수는 없다.

왜 저 둘이 함께할 수 없는지 간단히 설명하겠다. 시가와 샴페인이 함께할 수 없는 이유는 설명하지 않아도 알 테니 넘어가고. 양자물리학을 전자기 이론에 적용할 때 얻을 수 있는 가장 중요한 결과 중 하나는 전자기에서 에너지는 연속적이지 않고 광자라고 부르는 개별 덩어리 형태로 발생한다는 사실이다. 레이저로 한 원자의 전자를 들뜨게 하면 전자는 대개 어느 시점에 다시 낮은 에너지 상태로 되돌아간다. 그리고 그 과정에서 광자가 방출된다. 광자는 전자기력의 전령이다. 한편 핵 안에서 작용하는 약력과 강력 역시 양자화되는 과정에서 상호작용을 중재하는 입자가 나온다. 그 입자가 바로 광자에 해당한다. 그리고 모두 통합된 하나의 방식으로 이해될 수 있는 전자기력, 약력, 강력의 양자론은 표준모델로 알려져 있으며 물리의 모든 것을 가장 잘 설명한다. 단, 중력은 예외다.

다시 말하지만 중력이 애물단지다. 양자물리학을 나머지 세 개의 힘과 동일한 논리로 중력에 적용하면 이론적으로는 광자가 전자기력의 전령인 것과 마찬가지로 중력의 양자적 전령인 중력자graviton가 나타나야 한다. 중력자가 진짜 방출될 수도 있지만, 문제는 중력자를 눈으로 보는 것은 고사하고 측정조차 불가하다는 점이다. 중력의 크기는 전자기력과 비교해 10^{39}배나 약하다. 광자의 방출에 비하면 중력자의 방출은 너무 작아서 한 번 관찰하는 데 138억 년이라는 우주의 나이보다 더 오래 걸릴지도 모른다.

다른 세 힘의 논리에 따르면 비록 볼 수는 없어도 중력자는 존재한다. 그러나 과학은 증거를 좋아한다. 추정은 강력하고 중요한 것이지만, 실험과 그에 따르는 증거야말로 이론을 하나로 뭉치는 접착제이고 간극을 좁히기 위해서 반드시 필요한 것이다. 사실 아주 작은 문제가 하나 더 있다. 중력을 양자화해 보니 다른 극단에서 말도 안 되는 예측이 발생했다. 즉, 원래는 아주 작은 수가 나와야 하는 곳에서 무한량이 나와버린 것이다. 사실 방금 설명한 중력자의 방출이라는 예측은 기본적으로 이 무한의 절단에 토대를 둔 것이다. 그러나 이것을 일관되게 적용하기가 어렵다. 그러므로 이 문제의 뿌리에는 수학적 모순이 자리 잡고 있는 것이다.

자, 그래서 우리는 지난 수백 년간 수없이 많은 물리학자를 잠 못 들게 했던 물리학의 가장 큰 간극의 가장자리에 서 있다. 이것이야말로 진정한 마이크로와 매크로의 간극이라 하겠다. 양자는 작은 물체에 관한 모든 것이고, 중력은 행성과 별과 은하계에 관한 모든 것이기 때문이다. 양자물리학과 중력이 통합되는 날이 올까? 그렇게 된다면 우리는 어떤 일들을 할 수 있을까?

해결책 하나. 비록 양자물리학과 중력은 절대적인 하나의 수학 공식으로 합쳐질 수 없으나, 문제가 되는 중력자는 어차피 너무 작아 실험으로는 관찰할 수 없으므로 문제가 되지 않는다. 간극은 우리가 관찰할 수 있을 때만 의미가 있을 뿐이므로 눈으로 볼 수도 없는 것 때문에 잠을 설칠 필요는 없다. 이것으로 해결 완료다.

그러나 나는 당연히 여기에서 멈출 생각이 없다. 다음 해결책을 생각해 보자. 세상을 다른 눈으로 본다면 어쩌면 이 간극은 좁혀질 수도 있을 것이다.

그런데 잠깐, 간극이 좁혀지면 무엇이 좋은 것일까? 왜 번거롭게 당신은 나의 거창한 대환원 가설을 50페이지째 읽고 있는가? 내가 프롤로그에서 예상했던 부분으로 돌아가보자. 마이크로와 매크로의 통합은 우리에게 정신적으로나 기술적으로나 모두 도움이 된다. 첫째, 우주 전체를 하나의 이론으로 이해하게 됐다는 데서 오는 영적인 충만함이 있다. 그것은 양자 중력이라는 새로운 이론이 될 수도 있고, 중력이 양자물리학의 결과물에 불과하다는 깨달음이 될 수도 있다. 어느 쪽이든 정신적으로 얻는 혜택은 같다. 현재는 종교에서만 찾을 수 있는 세계관을 과학이 제공하고 우리를 위로하게 될 것이다.

양자와 중력의 간극에 다리가 놓였을 때 얻을 수 있는 기술적 이점 또한 무시할 수 없다. 현대에 들어서 우주여행의 실현 가능성이 점차 중요해지고 있다. 인간에게 닥친 환경문제를 제때 해결하지 못해 지구를 살 만한 곳으로 유지시키는 데 끝내 실패할 수도 있기 때문이다. 그렇다면 반드시 중력에 대해 속속들이 잘 알아야 한다. 중력은 우리가 얼마나 멀리 또 빠르게 이동할 수 있을지를 결정하는 중요한 개념이다. 만약 중력 시스템에서 양자 효과가 중요한 부분을 차지한다면 양자 중력을 활용해 장거리 이동 능력을 향상시킬지도 모른다. 또 어쩌면 양자 효과는 우주를 다른 방식으로 작동하게 만들지도 모르고, 아주 멀리 떨어진 곳이 양자의 세계에서는 아주 가까이 연결돼 있다고 밝혀질는지도 모른다. 물론 모두 추정에 불과할 수도 있지만 추정이야말로 모든 이론의 시작이다. 그리고 어쩌면, 정말 어쩌면 우리 미래에 진짜로 중요해질지도 모르는 일이다.

물리학에서는 자포자기 상태에서 새로운 발상이 많이 도입된다. 막스 플랑크Max Planck는 에너지가 고전물리학의 믿음과는 달리 불연속적인 작은 덩어리 형태로 움직인다는 발상을 소개하면서, 양자 가설을 '자포자기 행위'라고 불렀다. 그가 자포자기라고 표현한 것은 그것이 이론과 실험 결과를 동시에 설명하는 유일한 길이라는 점을 제외하면 도저히 납득할 수 없는 가설이었기 때문이다. 그러나 당시 그는 양자의 존재를 주장할 방법을 몰랐다. 막스 보른Max Born, 베르너 하이젠베르크Werner Heisenberg, 파스쿠알 요르단Pascual Jordan, 에르빈 슈뢰딩거Erwin Schrödinger, 폴 디랙Paul Dirac이 양자물리학의 완벽한 공식을 발견할 때까지 25년을 더 기다려야 했다. 때때로 새로운 이론은 믿음의 도약에서 시작하고 큰 그림은 나중에야 드러난다. 그래서 만약 당신이 내 믿음의 도약에 관심이 있다면!

내 가설의 핵심에는 열역학과 정보 이론이 있다. 지금부터 차례로 파헤쳐 이것들이 각각 어떤 면에서 우리의 대환원을 이루어낸다는 것인지 설명하겠다. 하지만 그 전에 잠시 상상의 나래를 조금 멀리 펼쳐볼까 한다. 옥스퍼드 만찬에서 허튼 덕분에 처음 맛봤던 무모함을 다시 한번 발휘해 보겠다.

나는 열역학이 그토록 견고한 것은 본질적으로 정보 이론을 토대로 하기 때문이라고 믿는다. 나는 이 점을 대단히 확신하므로 열역학은 양자물리학 이후에 어떤 혁명이 닥쳐와도 살아남는다는 데에 고급 돔 페리뇽 한 병을 기꺼이 걸겠다. 그때쯤엔 아마 마시는 단계를 건너뛰고 당신에게 황금빛 영역이 아닌 컴퓨터에서 시뮬레이션한 샴페인의 경험을 빚지겠지만.

그냥 생각나는 대로 내뱉거나 즉흥적으로 하는 말이 아니다. 증거도 있다. 물론 나는 양자물리학과 상대성 이론 다음에 무엇이 올지 전혀 알지 못한다. 과연 그런 것이 오기나 할지 모르겠다. 다만 이 둘이 양립하지 못한다는 사실을 그 이상의 무엇이 있다는 징표로 봤을 뿐이다.

사람들은 실험적 모순이 없는 조건 속에서 이론적으로 온갖 종류의 포스트-양자 시나리오를 연구하고 있다. 이 시나리오들은 모두 양자물리학과 동일한 정도의 무작위성을 유지해야 한다. 무작위성은 이미 모든 양자 실험에서 완전히 자리 잡았기 때문이다. 다시 말해 이 가설들은 모두 확률에 근거한다는 뜻이다. 또한 빛의 정보 전송보다 더 빠른 것을 허용하지 않는다는 측면에서 '무신호'를 중요시한다.

포스트-양자물리학의 맹렬한 공습에서 살아남을 다른 개념들도 있다. 물론 당신도 짐작했겠지만, 그것들은 모두 본질적으로 열역학적이고 정보 이론적이다. 나는 그동안 동료인 마커스 뮐러Markus Müller와 오스카 달스턴Oscar Dahlsten과 함께 이 분야를 광범위하게 연구했다. 우리는 새로운 이론들에서도 정보와 무질서 사이의 연결 고리는 언제나 유지된다는 것을 발견했다. 여기에서는 정보와 무질서 사이의 관계가 핵심처럼 보이므로 열역학 제2법칙이 어긋날 것 같지는 않다.

그렇다면 이제 나는 정말 위험하고 무모한 모험을 시도하겠다. 지금부터 나는 포스트-양자 세계에 대해 두 가지를 예측할 것이다. 이번에는 감히 볼랭저 한 병 이상은 걸지 않겠지만.

자, 예측 하나. 양자 얽힘quantum entanglement은 포스트-양자 세계에서도 살아남을 것이다. 양자 얽힘은 고전물리학에서 허용되는 범위를 벗어난 두 개 이상의 하위 시스템 사이에서 일어나는 상관관계의 한 형태다. 그래서 아인슈타인이 이것을 '유령 같은 원격 작용spooky action at distance'이라고 부른 것이다. 이 작용은 많은 시스템과 시나리오에서 실험적으로 검증됐다. 나는 한발 더 나아가 얽힘은 정보 이론이나 열역학과도 연결 고리가 있다고 주장한다. 얽힘의 양은 엔트로피로 측정되고, 하위 시스템이 독립적으로 다루어질 때 한 방향으로만 변화한다. 어떤 의미에서는 무질서의 증가와도 동일하다.

두 번째 예측. 한 물체의 엔트로피와 면적 사이의 연결 고리, 소위 홀로그래피 원리holographic principle 역시 포스트-양자 시대에도 진리로 남을 것이다. 홀로그래피 원리는 블랙홀 엔트로피로 유명한 베켄슈타인-호킹 엔트로피 공식을 일반화한 것이다. 이것도 면적과 관계가 있으며, 이 원리에서도 정보의 냄새가 난다. 홀로그래피 원리는 물체가 블랙홀에 떨어졌을 때 '잃어버리는' 정보에 관한 것으로, 잃어버린 정보를 블랙홀 엔트로피 증가와 연관 짓는다는 측면에서 열역학까지 지지한다. 블랙홀 안팎에서 일어나는 물질 사이의 얽힘 때문이라고 믿는 이들도 있는데, 그게 사실이라면 더 좋은 증거다.

좋다. 예측은 끝났다. 이제 본론으로 들어가 정보와 열역학 그리고 그것들을 어떻게 대환원 가설에 써먹을지 논의해 보자. 이 이야기를 시작하기에 옥스퍼드의 거리보다 더 좋은 장소는 없을 것이다. 이 도시에서는 수많은 '자포자기의 행위'가 일어나고 그중 다수가 오늘날 우리의 사고를 이끌고 있으니 말이다.

내가 사는 영국 옥스퍼드는 세계에서 가장 오래된 대학 도시다. 석회암으로 지어진 아름다운 건축물은 대부분 부드럽고 마법 같은 외형을 지녔다. 오전에 모처럼 시간이 나기에 옥스퍼드의 황금빛 햇볕을 쬐려고 나왔다. 유니버시티파크를 천천히 걸으며 나뭇잎, 테리어의 짖는 소리, 학자들의 잡담 속에 들어 있는 온갖 정보에 감탄했다. 정보는 우리 주위의 모든 것을 쌓아 올리는 가장 기본적인 건축 자재다. 에너지와 물질도 아닌, 치즈와 크래커도 아닌, 그 밖의 다른 무엇도 아닌 정보 말이다. 오늘의 산책은 다음 질문을 생각하기 위한 시간이다. 만약 모든 것이 정보로 지어졌다면, 정보 이론으로 중력도 끌어낼 수 있을까? 그리고 그것이 아인슈타인의 방정식에는 어떤 의미가 있을까?

브로드 스트리트로 발걸음이 이어진다. 새삼 돌로 지어진 건물 사방에서 영생을 얻은 듯 근엄한 표정으로 나를 빤히 내려다보는 남성들의 시선이 느껴졌다. 이 작고 섬세한 도시는 지난 수십 년간 위대한 발견의 온상이었고, 나는 지금 그 발걸음을 따라 걸으며 겸손해지는 기분이 든다. 그러다가 과학사 박물관 안으로 들어가 샹들리에 불빛에 반짝이는 석조 인테리어를 따라 옥스퍼드에서 일어난 모든 과학의 사건들을 거쳐 지하층까지 내려갔다. 거기에서 나는 아인슈타인이 옥스퍼드 강연에서 특수상대성 이론을 설명할 때 사용했던 바로 그 칠판 앞에 섰다. 나는 다시 내 질문으로 돌아왔다. 정보 이론에서 중력을 도출할 수 있다면 그것이 아인슈타인의 방정식에 어떤 의미가 있을까?

양자물리학은 이 관점에 아주 자연스럽게 녹아들어 간다.

그것은 우리가 양자적 형식론 안에서 세계를 설명하는 방식이 이미 정보 이론에 상당히 가깝기 때문이다. 무엇보다 우리는 '정보의 카탈로그'로서 물리계의 상태를 이야기한다. 정보의 카탈로그라는 말은 아인슈타인이 특수상대성 이론을 발표하고 몇 년 후 옥스퍼드에 있었던 슈뢰딩거가 양자물리학을 창시하면서 만들었다. 이 상태는 다른 결과가 도출될 실험을 기대하게 만든다. 그렇다면 이 계의 물리적 진화는 계의 미래 상태에 대한 추측의 카탈로그를 시간에 따라 어떻게 업데이트할지 지시하는 규칙에 불과하다. 우리는 추측을 업데이트하는 이 규칙을 '슈뢰딩거 방정식'이라고 부른다.

모두 다 좋고 아주 훌륭하다. 그런데 여기에 아인슈타인의 칠판이 있다. 양자물리학과 더불어 우리에게는 똑같이 성공적인 다른 물리 이론이 있다. 바로 중력 현상을 설명하는 일반상대성 이론이다. 그리고 양자물리학과 일반상대성 이론은 아직 통합되지 않았다. 세계를 이해하려면 양자물리학과 일반상대성 이론이 둘 다 필요한 것 같다. 이 둘의 통합이 오늘날 물리학에서 해결하지 못한 가장 큰 문제일 것이다. 그래서 내가 만약 정보라는 것이 모든 것의 근간이고 양자물리학이 본질적으로 정보 이론이라고 주장한다면, 중력에는 어떤 일이 일어날지 묻는 것이다. 나는 사진 속 아인슈타인의 눈을 보면서 큰 소리로 물었다. "답은 열역학입니까?" 다행히 지하층에 다른 사람은 없었다. 그도 대답하지 않았다.

1995년에 테드 제이콥슨Ted Jacobson이 아름다운 논문 한 편을 썼다. 놀랍게도 그는 열역학에서 아인슈타인의 중력을 어떻게 도출할 수 있는지 보여줬다. 정말 대단하다. 제이콥슨의 논문은 엄청난 논쟁거리가 됐고 여전히 그럴 것이다. 이 논문을 통해 그는 중력을 양자화하려는 모든 물리학자들에게 시간 낭비할 필요 없다고 말하고 있기 때문이다. 제이콥슨에 따르면 중력은 세상을 형성하는 기본적인 힘이 아니라 열역학이 만들어낸 일종의 양자 소음에 불과하다. 나는 그의 논리를 받아들이고 한층 더 확장해 정보 이론으로부터 그리고 양자 얽힘의 도움을 살짝 받아 중력을 도출할 수 있다고 수줍게 제안한다. 물론 내 논리에는 허점이 많다. 그러나 일말의 가능성은 있다. 슬슬 아인슈타인이 나를 바라보는 것 같다.

엔트로피에서 중력을 끌어내는 과정은 간단하게 설명할 수 있다. 첫째, 우리는 엔트로피에 온도를 곱한 것이 열이라는 기본적인 열역학 관계를 알고 있다. 열 자체는 에너지의 한 형태에 불과하다. 아인슈타인에 따르면 열은 질량 곱하기 빛의 속도(제곱)와 같다. 우리는 이른바 홀로그래피 원리에 따라 엔트로피가 면적, 즉 반지름의 제곱에 비례한다고 가정한다. 폴 데이비스Paul Davies와 빌 언루Bill Unruh에 따르면 온도는 가속도에 비례한다. 가속도는 뉴턴의 제2법칙에서 힘을 질량으로 나눈 값이다. 이것들을 다 합치면 힘은 질량을 거리의 제곱으로 나눈 값과 같다는 결론이 나온다. 그게 곧 뉴턴의 중력이다!

얼마나 빈틈없는 주장인가! 과연 중력은 얼마나 열역학적인 개념인 걸까? 이 유도 과정에는 우리가 진리라고 믿는 두 가지 중요한 관계가 개입한다. 첫째는 엔트로피와 면적의 관계이고, 둘째는 가속도와 온도를 연결하는 데이비스와 언루의 아름다운 공식이다. 하지만 현재까지 그것을 뒷받침할 실험적 증거는 없다. 직관적으로 봤을 때 실험적 증거가 부족한 것은 바로 그 관계가 전부 마이크로와 매크로의 연결과 얽혀 있기 때문이다.

결국 모든 세부 사항까지는 아니더라도 전반적인 내용에서 제이콥슨의 논리가 옳다면, 홀로그래피 원리와 고유한 데이비스-언루 온도의 부존재로의 가능한 변화를 수용하기 위해 아인슈타인의 장 방정식을 보정할 필요가 있다고 볼 수도 있다. 이것은 분명 흥분되는 일이다. 중력이 기본적인 힘이 아님을 확인할 뿐만 아니라 아인슈타인 방정식을 수정해야 한다고 지적하고 있는 것이다. 게다가 지금 나는 아인슈타인의 칠판에서 불과 몇 센티미터 떨어져 있다. 그가 써놓은 것을 고치려면 손으로 한번 쓰윽 하면 될 일이다. 하지만 대신 나는 한 발짝씩 무겁게 뒤로 물러선다. 이 모든 것이 끌어낼 다른 결과들을 추측하고 싶지만, 지금으로서는 판단의 유보라는 과학의 한 방법을 연습하는 게 최선이리라. 오직 시간만이 옳고 그름을 판단할 것이다.

과학사 박물관에서 나와 늦은 오후 햇살로 돌아오면서 물질의 '열'에 도달했다. 이제 열역학이다. 열역학은 온도가 더 높은 물체에서 더 낮은 물체로 열이 이동하는 현상에 관한 학문이다. 브로드 스트리트를 따라 되돌아가는 길에 따스한 기운이 느껴지는 건 태양 때문이다. 다른 사람이 앉았던 의자에 앉을 때 온기를 느끼는 것은 내 온도가 더 낮기 때문이다. 그러나 그 열은 곧 엉덩이로 전해져 따뜻하게 나를 데울 것이다. 우연히도 열은 우리 눈에 보이는 모든 것이 어떻게 존재하는지를 설명한다.

기존 이론으로는 설명할 수 없는 실험 결과를 손에 쥘 때마다 물리학자는 그 이론에서 무엇을 남기고 무엇을 버릴지 결정해야 한다. 플랑크와 아인슈타인은 고전물리학으로 흑체 방사를 설명할 수 없다는 사실을 알게 되자, 열역학 법칙을 유지하고 뉴턴 역학의 핵심이었던 에너지는 연속적이라는 가정을 버렸다. 이와 비슷하게 아인슈타인은 에테르로 지구의 운동을 감지하려는 마이컬슨-몰리Michelson-Morley 실험의 실패를 설명하면서 하나를 버리고 다른 하나를 도입했다. 아인슈타인은 모든 기준틀에서 물리 법칙은 동일하다는 뉴턴의 가정은 유지했지만, 서로 다른 기준틀에서도 빛의 속도는 변하지 않는다는 원리, 즉 맥스웰의 전자기장 이론으로는 자연스럽게 설명되지만 뉴턴의 물리학으로는 납득할 수 없는 원리를 도입했다.

그러나 20세기 혁명으로 고전물리학이 무너져 내릴 때도 한 가지 유물만큼은 내내 굳건히 자리를 지켰다. 1915년 영국 천체물리학자 아서 에딩턴Arthur Eddington은 이렇게 당시의 상황을 요약했다. "만약 당신의 가설이 열역학 제2법칙에 어긋난다고 밝혀진다면 당신에게 희망은 없다. 그 가설을 버리는 수밖에." 놀랍게도 열역학은 양자물리학과 상대성 이론

양쪽에서 모두 살아남았다. 그리고 두 이론이 통합된 후에도 살아남을 것 같다.

19세기 초에 처음 세상에 등장한 열역학 법칙은 어떻게 이처럼 견고함을 입증했을까? 우리가 20세기에 발견한 열역학과 정보 이론 간의 깊은 관계에 그 답이 있다. 그 연관성을 통해 우리는 열역학과 상대성 이론은 물론이고 양자 이론 사이의 긴밀한 관계를 추적할 수 있다. 그리고 궁극적으로는 어떻게 21세기 열역학이 우리를 상대성 이론과 양자물리학을 대체할 이론으로 안내할지 보여줄 것이다.

열역학은 애초에 증기 기관의 작동 방식을 설명하기 위해 고안된 이론치고는 놀랍도록 멋지게 활약하고 있다. 열역학 제1법칙에 따르면 한 곳에서 사라진 에너지는 반드시 다른 어딘가에서 발견돼야 한다. 1824년에 프랑스 공학자 사디 카르노Sadi Carnot는 증기 기관이 얼마나 많은 열을 유용한 일로 변환하는지 예상하기 위해 열역학 제2법칙을 세웠다. 경험상 언제나 열의 일부는 더 차가운 주위 환경으로 흘러들어가 낭비되므로 100퍼센트 효율을 가지는 기관이 존재하기란 불가능하다. 따라서 제2법칙은 에너지의 일부는 언제나 질이 저하된다고, 다시 말해 쓸모없는 열이 발생한다고 말한다. 몇십 년 뒤 독일 물리학자 루돌프 클라우지우스Rudolph Clausius는 이러한 제약을 자신이 엔트로피라고 부른 무질서의 양으로 설명했다. 우주는 무질서를 증가시키는 과정에 작용한다. 예를 들어 열은 열이 모인 뜨거운 곳에서 열이 모이지 않은 차가운 곳으로 이동하며 낭비된다.

열역학 제2법칙을 이런 식으로 해석하면 우주의 암울한 운명이 예상된다. 모든 열이 최대로 소멸하면 유용한 일은 더 이상 일어날 수 없고 결국 우주는 '열 죽음heat death'을 맞아 종말할 것이다. 또한 클라우지우스의 공식은 우주가 어떻게 그처럼 상대적으로 낮은 엔트로피 상태에서 시작될 수 있었느냐는 당혹스러운 문제를 제기한다.

어쩌면 그런 바람직하지 못한 결말 때문에 열역학 제2법칙이 정당성을 부인하는 물음표를 달고도 오래도록 목숨을 부지했는지 모른다. 이 법칙은 1867년 영국 옥스퍼드가 아닌 케임브리지에서 물리학자 제임스 클러크 맥스웰James Clerk Maxwell에 의해 대단히 명료하게 증명됐다. 맥스웰은 실제로 무생물이 제2법칙에 순응한다는 사실을 확인하고 흡족해했다. 엔트로피의 구현으로서 무질서는 환경에서 격리된 계에서 항상 증가했다. 열은 언제나 뜨거운 곳에서 차가운 곳으로 이동했고 결코 반대로 가는 일은 없었다. 덩어리 상태로 정돈된 염료 분자의 배열은 물속에 들어가면 금세 녹아 제멋대로 흩어질 뿐, 그 분자들이 다시 하나로 합쳐지는 일은 없다.

맥스웰의 문제는 생물에 있었다. 살아 있는 것들에게는 '의도성intentionality'이 있다. 생명체는 자신의 삶을 수월하게 하기 위해 의도적으로 주위 사물에 대해 일을 한다. 상상컨대 그들은 의도적으로 주변의 엔트로피를 줄이려는지도 모른다. 즉, 열역학 제2법칙을 위배하고자 한다.

물리학자들은 이러한 위배의 가능성을 굉장히 불편해한다. 예외 없는 보편적 법칙이든지, 아예 말도 안 되는 헛소리든지, 아니면 그 자체로 새로운 보편적 법칙이 될 정도로 더 심오한 이치가 이면에 있음이 밝혀져야 직성이 풀린다. 그러나 마침내 1970년대 말에 미국 물리학자 찰스 베넷Charles Bennett이 동료인 롤프 랜다우어Rolf Landauer의 연구를 토대로 삼고, 앞서 몇십 년 전에 클로드 섀넌Claude Shannon이 개발한 정보 이론을 이용해 엔트로피를 제멋대로 조작하는 맥스웰의 '악마'를 잠재웠다. 지능이 있는 존재가 주위의 사물을 재배열해 환경의 엔트로피를 낮추는 것은 분명하다. 그러나 그렇게 하려면 먼저 자신의 기억을 채워 사물을 배열할 정보를 얻어야 한다.

이렇게 얻은 정보는 어딘가에 부호화돼야 하는데 아마도 악마의 기억 속일 것이다. 마침내 기억이 꽉 차면 재설정돼야 한다. 이제 질서 있게 저장된 정보를 모조리 환경에 투척할 때 엔트로피가 증가한다. 베넷은 이때 증가하는 엔트로피의 양이 적어도 결과적으로는 악마가 원래 감소시킨 양과 일치한다고 봤다. 그렇게 열역학 제2법칙의 위상은 유지되었다. 비록 19세기의 창시자들이라면 이해하지 못했을 "정보는 물질이다"라는 랜다우어의 진언에 고정된 채로.

그러나 열역학이 양자 혁명을 거치며 손상되지 않고 살아남은 것을 어떻게 설명한단 말인가? 고전 세계에서 물체는 양자 세계에서와는 다르게 행동한다. 그렇다면 정보도 마찬가지로 고전물리학과 양자물리학에서 다르게 행동할 것이다. 결국 양자 컴퓨터는 고전 컴퓨터와는 비교도 안 될 정도로 강력하다.

그 이유는 미묘하다. 그리고 아마도 과학계를 통틀어 가장 심오하고 아름다운 공식 속의 엔트로피와 확률의 연관성으로 설명할 수 있을 것이다. 앞에서 소개한 루트비히 볼츠만이 묻힌 빈의 중앙묘지 묘비에 새겨진 것은 $S=klogW$뿐이다. S는 엔트로피, 이를테면 한 기체의 거시적 엔트로피를 뜻한다. 방정식의 우항에 있는 k는 자연 상수인 볼츠만 상수이다. $logW$는 미시적이고 확률적인 양인 W의 로그값으로, 한 기체 속 수많은 개별 원자의 위치와 속도가 배열될 수 있는 방식의 개수를 의미한다.

철학적 차원에서 볼츠만의 공식은 환원주의의 정신을 구현한다. 적어도 원칙적으로는 한 시스템의 활성도에 관한 외부 지식을 기본적이고 미시적인 물리 법칙으로 환원할 수 있게 하는 발상이다. 또한 실질적이고 물질적인 수준으로 무질서와 무질서의 증가를 이해하는 데 필요한 것은 확률이 전부라고 보여준다. 이 방정식은 기본적인 법칙의 본질에 대해서는 더 이상 묻지 않는다. 즉, 확률의 기원이 고전계이든 양자계이든 신경 쓸 필요가 없다.

한 가지 반드시 짚고 넘어가야 할 점은 있다. 확률은 고전물리학과 양자물리학에서 근본적으로 별개의 개념이다. 고전물리학에서 확률은 우리의 지식 상태에 따라 지속적으로 변하는 '주관적인' 양이다. 예를 들어 동전을 던져서 받았을 때 앞인지 뒤인지의 확률은 그 결과를 관찰하는 동안 2분의 1에서 1로 증가한다. 만약 우주에 있는 모든 입자의 위치와 운동량을 알고 있는 존재, 즉 라플라스의 악마•가 있다면 고전 세계에서 일어나는 모든 후속 사건의 정확한 경로를 알 수 있으므로 확률은 필요 없어진다. 라플라스에게 알려진 유일한 고전물리학의 법칙은 완전히 결정론적이기 때문이다.

그러나 양자물리학에서 확률은 세계가 어떻게 작동하는가에 대한 절대적인 불확정성에서 비롯한다. 양자 이론에서 물리계의 상태는 슈뢰딩거가 '정보의 카탈로그'라고 부른 것으로 설명된다. 그러나 카탈로그의 어느 한 페이지에 정보를 추가하면 다른 페이지에 있는 정보가 희미해지거나 지워진다. 예컨대 입자의 위치를 정확히 알게 되면 그것의 움직임에 대해서는 아는 바가 줄어든다는 의미다. 양자 확률은 아무리 많은 정보를 얻어도 완전히 제거될 수 없다는 의미에서 '객관적'이다.

이 사실은 고전적으로 공식화된 초기의 열역학을 흥미롭게 조명한다. 열역학은 무지無知를 방정식의 형식으로 써 내려간 것에 지나지 않는다. 그 자체로 깊은 물리적 기원은 없

• 이 악마의 가능성을 처음으로 인정한 프랑스 수학자 피에르 시몽 드 라플라스(Pierre Simon Laplace, 1749~1827)의 이름에서 따왔다.

다. 하지만 고전 세계의 역학 법칙이 제안했듯이 앞으로 일어날 모든 사건에 대해 알거나 예측할 수 없는 또는 그것이 아니고는 설명할 수 없는 사실을 표현하기 위한 경험적 바탕이 된다. 그러나 양자적 맥락에서 확률과 불확정성은 현실의 틀에 영구적으로 배선된 것처럼 보인다.

확률에 뿌리를 둔 열역학은 새롭고 좀 더 근본적인 물리적 닻을 내린다. 휠러, 달스턴과 함께 나는 양자 이론과 그 외의 훨씬 많은 것들을 수용하는 일반화된 확률론에서 열역학적 관계에 어떤 일이 일어나는지 살펴봤다. 거기에서도 엔트로피로 정량화되는 정보와 무질서 사이의 관계는 살아남았다.

자연계에 존재하는 네 개의 기본 힘 중 유일하게 양자 이론으로 설명되지 않는 힘인 중력에 관해서는 어쩌면 열역학의 또 다른 모습에 불과하다고 밝혀질지도 모른다. 모든 단서를 종합하면 무엇이 열역학을 이토록 성공적으로 만들었는지 알아낼 수 있다. 열역학 원리는 기본적으로 정보 이론이다. 그리고 정보 이론은 어떻게 우리가 우주와 상호작용하고, 어떻게 이론을 세울지 말해주는 것에 지나지 않는다. 즉, 열역학은 우리가 우주와 상호작용하는 방식과 우주에 대한 이해를 발전시키는 방식을 구현한 것뿐이다. 그러므로 무조건 옳아야 한다. 아인슈타인의 말을 빌리면 그것은 '메타 이론meta theory'이다. 우리가 현실의 작동을 설명하기 위해 고안한 모든 동역학 법칙들의 구조 위에 자리 잡은 원리로부터 세워진 것이다. 그런 의미에서 열역학이 양자역학이나 일반 상대성 이론보다 더 근본적이라고 주장할 수 있다.

이러한 사실을 받아들이고 에딩턴처럼 열역학 법칙을 전폭적으로 신뢰한다면 현재의 물리적 질서 너머를 맛볼 수도 있을 것이다. 양자물리학과 상대성 이론이 물리학에서 일어날 최후의 혁명은 아니지 싶다. 새로운 증거가 나타나기만 한다면 언제든지 뒤집어엎을 수 있다. 이때 열역학은 왕좌를 빼앗을 이론이 어떤 모습이어야 하는지 분별하도록 돕는 역할을 한다.

몇 년 전 싱가포르에서 동료인 에스더 행기Esther Hänggi와 스테파니 베너Stephanie Wehner는 양자 불확정성 원리, 즉 양자 측정의 측면에서 확률을 완전히 제거할 수 없다는 생각을 거스르는 것이 곧 열역학 제2법칙을 위배하는 것이라고 제시했다. 불확정성의 한계를 깬다는 것은 측정을 통해 계에 대한 추가 정보를 추출한다는 뜻이다. 이는 곧 무질서 상태에서 열역학이 허용하는 한도 이상으로 시스템이 많은 일을 수행하도록 만든다. 만약 열역학이 우리를 안내한다면, 포스트-양자 세계가 어떤 모습이더라도 우리는 불확정성에 묶여 있을 것이다.

옥스퍼드에서 산책한 다음, 나는 동료 물리학자 데이비드 도이치David Deutsch와 한잔하러 갔다. 도이치는 내게 우리가 앞으로 과학적으로 더 나아가야 한다고 말했다. 미래의 모든 물리학이 열역학에 순응할 뿐만 아니라, 물리학 전체가 열역학이라는 그림 안에서 세워져야 한다. 그 생각은 1909년에 독일계 그리스인 수학자 콘스탄틴 카라테오도리Constantino Caratheodory가 철저히 공식화한 것처럼 열역학 제2법칙의 논리를 일반화한 것이다. 카라테오도리는 어떤 상태에서든 물리적 계의 근방에서 우리가 환경과의 열 교환을 일절 허용하지 않을 경우에 물리적으로 도달할 수 없는 다른 상태가 발생한다고 주장했다.

내 앞에 있는 한 잔의 맥주를 사용해 좀 더 쉽게 설명해 보겠다. 제임스 줄James Joule은 19세기에 활동한 맨체스터 출신의 양조업자로, 그의 이름을 딴 줄J이 에너지 표준 단위로 쓰이고 있다. 줄은 열이 차단된 상태에 있는 맥주를 연구했다. 맥주는 회전날개와 함께 통 안에 밀봉돼 있었다. 날개는 통

밖의 추에 연결됐고 중력에 의해 추가 떨어질 때마다 날개가 회전하면서 맥주를 휘젓도록 설계됐다. 날개가 회전하면서 맥주를 따뜻하게 데워 맥주 분자의 무질서도, 즉 엔트로피를 증가시킨다. 그런데 아무리 애를 써도 줄이 고안한 장치를 맥주의 온도를 낮추는 데는 사용할 수 없었다. 단 1밀리켈빈도. 이 경우 차가운 맥주는 물리학의 손이 닿을 수 없는 상태다.

여기서 질문. 단지 어떤 과정은 가능하고 어떤 과정은 가능하지 않다고 열거하는 것으로 물리학 전체를 설명할 수 있을까? 이는 고전 체계와 양자 체계에서의 계의 상태와 그 상태가 시간에 따라 변하는 과정을 방정식으로 표현하는 물리학의 일반적인 방식과는 매우 다르다. 고전물리학에서는 이러한 접근법이 안내하는 막다른 길을 쉽게 이해할 수 있다. 이때 도출할 수 있는 역학 방정식은 일어나지 않을 것이 분명한 과정 전체, 즉 열역학 법칙을 도입해 확실히 금지해야 하는 것을 허락한다. 그러나 이러한 과정은 기본 법칙을 수정했을 때 더 큰 모순이 발생하는 양자물리학에서 더욱 필요하다.

이 논리를 뒤집으면 다시 한번 자연 세계에 대한 관찰이 앞장서서 이론을 유도하게 할 수 있다. 우리는 엔트로피가 감소하고 무에서 에너지를 만들고 빛보다 더 빨리 이동하는 것처럼 자연이 금지한 현상을 관찰한다. 논리적으로 가장 빈틈이 없을 뿐만 아니라 궁극적으로 '옳은' 물리 이론이란 그 이론에서 아주 조금만 벗어나도 그 금지를 깰 수 있게 하는 이론일 것이다.

그렇다면 이것이 우리를 모든 것을 아우르는 최종 이론으로 안내하기에 충분할까? 이는 아직 해결되지 않은 흥미진진한 문제다. 사실 더 심오한 정보 이론 원리에서 양자물리학을 도출할 수 있다고 믿는 열정적인 물리학자 집단이 있다. 몇 사람만 언급하자면 영국인 루시엔 하디Lucien Hardy, 미국인 크리스 푸치스Chris Fuchs, 이탈리아인 키아라 말레토Chiara Marletto가 이 그룹에 속한다.

한편 가능하고 불가능한 변형이라는 열역학 용어로 물리학의 언어를 재구성하는 또 다른 장점은 명백하다. 특히 왜 우주가 낮은 엔트로피 상태에서 시작했느냐는 질문이 무의미해진다. 만약 물리학의 본질이 상태와 그것이 진화한 과정에 관한 것이 아니라 무엇이 허락되고 무엇이 허락되지 않느냐에 관한 것이라면 질문은 멈출 것이다. 그리고 이것과 관련해 현재 물리학에서 가장 주목받는 속성인 시간에 대한 개념 전체가 이차적인 중요성을 띤다.

바텐더가 마감 '시간'을 알린다. 도이치와 그의 공동 연구자 말레토에 따르면 시간은 시계라고 부르는 물체(적당한 수준에서 규칙적인 운동을 하는 것이면 무엇이든 상관없다)가 관여하는 변형을 통해서만 생성되고 거기에 더 근본적인 것은 없을 것이다. 비록 내가 몰래 맥주를 더 마시려고 시도하려고 할 때는 잘되지 않겠지만. 이런 접근법은 아마 "내가 진정으로 흥미 있는 것은 '세상을 창조할 때 신에게 어떤 선택권이 있었는가'이다"라고 말한 적이 있는 아인슈타인을 기쁘게 하리라고 본다. 이 질문에 직접적으로 답하지는 못할 수도 있지만, 만약 열역학에서 영감을 받은 물리학 공식이 결실을 본다면 우리는 새로운 확실성과 마주할 것이다. 신은 열역학자가 되는 것 말고는 다른 선택권이 없었을 테니 말이다. 그리고 그것은 저 19세기 증기 장인들에게는 최고의 찬사가 아닐 수 없다. 어쩌다가 우연히 우주의 본질을 발견하게 된 사람들 말이다. 열역학의 승리는 200년 동안 은밀하게 진행된 혁명이 될 것이다.

그렇다면 이것이 물리학에 의미하는 바가 무엇일까? 집에 가는 길에 고개를 들어 별을 바라본다. 도시 한복판에서 보는 것치고는 유난히 선명하다. 달도 모습을 감춰 별자리가 더 가까이 있는 것처럼 보인다. 우리는 우주가 어떻게 시작했는지 설명할 수 있을지도 모른다. 그걸 설명할 수 있다면 사물을 만든 화학을 설명할 수 있고, 생명을 논하는 생물학을 설명할 수 있다. 정의에 따르면 대환원은 이 모든 것을 훨씬 정답에 가깝게 데려갈 것이다.

우주의 시작을 설명하는 현재의 가장 인기 있는 이론은 팽창이다. 팽창 이론에 따르면 우주는 10^{-34}초 만에 상상을 초월할 정도로 빠른 팽창을 겪었다. 우주의 지름은 10^{30}배만큼씩 커졌다. 팽창의 증거는 현재로서는 없다. 그러나 팽창 이론은 서로 관련 없지만 커다란 세 가지 관측의 문제를 한 번에 해결한다.

첫째, 팽창이 없는 빅뱅이 일어났다면 우리는 자기 홀극magnetic monopole을 관찰할 수 있어야 한다. 이것은 (세상에 실재하는) 전하에 해당하는 자기적 등가물인데, 아직까지 누구도 관찰한 적이 없다는 것이 문제다. 이것을 '자기 홀극 문제'라고 한다. 문제는 항상 이론이 관측과 충돌하는 지점에서 발생하기 마련이다.

팽창 이론이 해결할 두 번째 문제는 평평성 문제flatness problem다. 커다란 스케일로 살펴볼 때, 우주는 놀라울 정도로 평평한 것 같다. 이 정도의 평평함이 가능하려면 우주의 초기 팽창이 있을 법하지 않은 수준으로 섬세하게 조정돼야 한다.

마지막 문제는 수평 문제horizon problem라고 알려진 것이다. 우주는 아주 멀리 있는 부분들까지도 동일한 온도, 약 2.7켈빈의 소위 우주 마이크로파 배경Cosmic Microwave Background이라고 하는 동일한 온도를 유지한다. 그러나 이 지점들은 서로 너무나 멀리 떨어져 있어서 우주의 탄생 이후로 어떤 신호도 주고받았다고 상상할 수 없다. 서로 에너지를 교환할 수 없다면 어떻게 우주 전체가 똑같은 온도를 갖도록 조정될 수 있었을까.

우주의 팽창은 그것을 설명할 메커니즘이 없어도 앞에서 언급한 문제를 한 번에 모두 해결할 수 있기 때문에 영리한 자포자기의 선택이다. 자기 홀극이 관찰되지 않는 이유는 우주가 그렇게 엄청난 양으로 늘어나면 홀극의 밀도가 너무 작아져서 실질적으로 관측이 불가능하기 때문이다. 또한 우주가 늘어나면 우주를 더 평평하게 만들기도 한다. 지구에 사는 사람들이 오랫동안 지구가 평평하다는 관점을 고수했듯이 지구는 커다란 구체이지만 그 안에 사는 우리에게는 평평해 보인다. 마찬가지로 우주 역시 크게 팽창하면 그렇게 될 것이다. 마지막으로 팽창은 현재는 서로에게 영향을 주지 못하는 우주의 먼 지점들이 초기에는 훨씬 가까웠다고 가정한다. 이것이 우주가 놀라울 정도로 균일해 보이는 이유를 설명한다.

그러나 이처럼 명쾌한 세 가지 답변에도 불구하고, 팽창이 어떻게 일어났는지에 대한 단서가 하나도 없다. 무엇이 팽창을 일으켰고 왜 우주의 초기에 팽창이 시작됐을까? 따라서 우리에게는 초기 우주에 관한 더 많은 천문학적 관찰이 필요하다. 그러나 다른 한편으로는 팽창 아래 숨어 있는 새로운 이론이 있을지도 모른다. 그리고 어쩌면, 마이크로(양자) 물리학과 매크로(중력) 물리학을 합치는 대환원이 팽창을 설명할 수 있을지도 모른다. 결국 모두 자포자기의 심정에서 시작한다.

우리에게 주어진 물리학의 간극은 원자의 행동과 은하계의 행동 사이에 있다. 당연히 그 사이에서도 많은 일이 일어나고 있다. 그것이 화학과 생물의 문제이며, 각각 서로 다른 자연과 서로 다른 잠재적 기원을 이해하는 새로운 간극을 만들어낸다. 그럼 이제 우리의 둥근 행성을 날아 중국으로 가보자.

2장

화학

CHEMISTRY

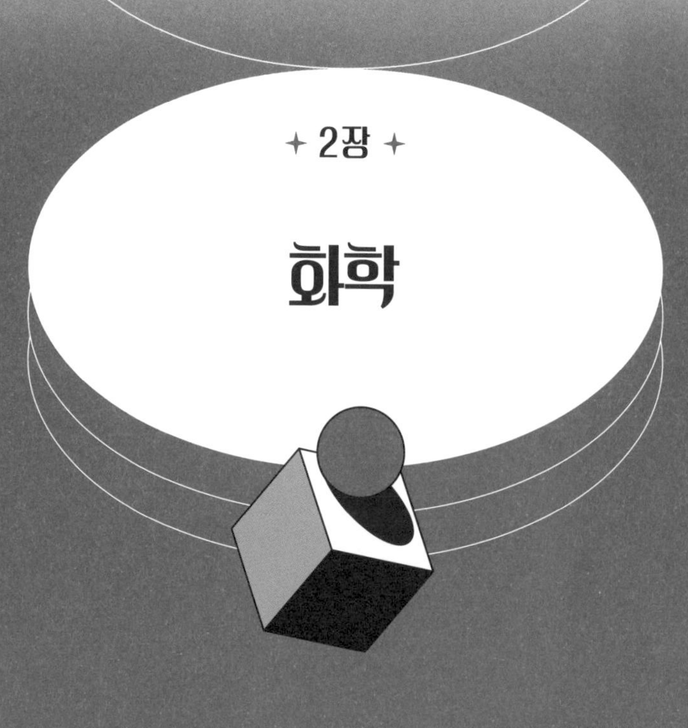

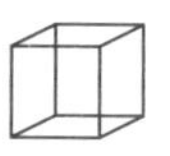

허튼의 디너 파티에서 만난 애시드 그린색 눈동자를 가진 화학자는 화학의 가장 큰 문제가 약학 분야에서 분자에 관한 지식을 '살아 있는 유기체에 미치는 효과'라는 더 큰 그림으로 번역하는 일이라고 말했다. 그렇다면 가장 큰 난제는 이 화학자의 컴퓨터가 '마이크로에서 매크로'를 처리하지 못한다는 데 있다.

파인만에게 만약 지구 전체가 곧 폭발할 예정이고 죽기 전에 우주 어딘가에 있는 생명체에게 딱 한 가지 메시지를 전달할 수 있다고 한다면 뭐라고 하겠냐고 물었더니 그는 이렇게 말했다. "모든 것은 원자로 이뤄졌다." 이 메시지의 수신자는 확실히 더 좋은 조건에서 시작할 수 있을 것이다. 물론 영어를 이해한다는 전제하에서 말이다.

나는 베이징의 블루프로그 카페 테라스에 앉아 있다. 이곳은 웅성대는 수도 한복판에서 사람들을 구경하기에 딱 좋은 장소다. 모든 것이 원자로 이뤄졌다는 생각을 할 때마다 나는 새삼 나 자신이 아주 미미한 존재로 느껴지면서 겸손해진다. 내가 지금 타이핑하고 있는 노트북은 원자의 집합체에 불과하다. 노트북을 올려놓은 묵직한 테이블 역시 아름답게 제작된 원자일 뿐이다. 심지어 내가 연기를 뿜고 있는 시가도 원자 이상은 아니다. 그 안에 아무리 신성한 무엇이 들어 있다고 하더라도 말이다. 물론 겉으로는 모두 완전히 다른 모습이다. 사실 세상에 존재하는 원자의 가짓수는 몇 개 되지 않는다. 모두 원자들이 조합돼 만들어진 것이다. 가짓수라고 해봐야 100가지 남짓이다. 세상의 모든 사물을 고작 100여 가지의 원자로 환원할 수 있다는 사실에 좀 겁이 난다.

세상이 100여 가지의 원자로 구성됐다는 배경 원리를 처음 밝혀낸 사람은 19세기 러시아 화학자 드미트리 이바노비치 멘델레예프Dmitrii Ivanovich Mendeleev이다. 원소의 주기율표를 만든 멘델레예프는 꿈에서 주기율표라는 발상이 처음 떠올랐다고 한다. "나는 꿈에서 모든 원소가 조건에 맞춰 제자리를 찾아간 표를 보았다. 잠에서 깨자마자 종이에 옮겼는데 나중에 보니 딱 한 군데만 고치면 됐다."

실제로 주기율표에서는 화학적으로 비슷한 활동을 하는 원자들이 같은 열에 놓인다. 원자들이 비슷하게 활동한다는 말이 무슨 뜻이냐고 물을지 모르겠다. 간단히 설명하자면, 원자 중에서 다른 원자와 쉽게 결합하는 원자들을 두고 우리는 화학적으로 활동성이 크다고 말한다. 스펙트럼의 반대에는 화학적으로 전혀 활성화되지 않는 원자들이 있다. 이 원자들이 다른 원자와 결합하는 건 꿈도 꿀 수 없다. 어쩌면 10대인 내 아들과 사춘기 시절의 나의 차이와 비슷할 것이다. 아들은 아주 활동적이고 사회성도 좋고 친구들한테서 떨어져 있는 적이 없다. 심지어 아들은 친구들에게로 가는 포털인 아이폰을 손에서 내려놓으려 하지 않는다. 반대로 나는 항상 책에 머리를 처박고 있어서 다른 사람들과 '결합'하는 것이 불가능했다. 이것이 멘델레예프가 주기율표에서 원자를 분류한 방식이다.

그렇다면 원자들 또는 사춘기 애들이 어쩌다 그렇게 화학적으로 다른 성격을 가지게 됐을까? 양자물리학이 등장하기

50년 전에 주기율표를 만든 멘델레예프는 몰랐겠지만 원자의 구조에 답이 있다. 모든 원자는 전기적으로 양전하를 띠는 원자핵과 핵 주위를 회전하는 서로 다른 수의 전자로 구성돼 있다. 전자들은 정해진 궤도 위에 존재하고 각 궤도는 최대 두 개의 전자를 가질 수 있다. 전자의 수가 두 개인 이유는 파울리의 배타 원리Pauli Exclusion Principle 때문이다. 이 원리에 따르면 하나 이상의 전자는 같은 상태에 있을 수 없다. 같은 궤도에 있을 때 하나는 시계 방향으로 다른 하나는 시계 반대 방향으로 돌고 있다. 원자는 서로 전자를 교환하는 방식으로 화학적 상호작용을 한다. 만약 한 원자의 가장 바깥 궤도가 꽉 차 있다면, 즉 궤도에 전자가 두 개 있다면 그 원자는 전자를 더 이상 받을 수 없으므로 반응하지 않는다.

모든 과학 이론에서도 마찬가지지만, 멘델레예프가 진정으로 천재성을 발휘한 대목은 그가 자신의 이론을 적용함으로써 당시까지 발견되지 않았던 원자의 존재를 여섯 개 이상 추론했다는 점이다. 이것이 진정한 과학 정신이다. 새로운 이론은 현재까지 관찰된 모든 현상을 설명할 뿐만 아니라 과거의 이론으로는 불가능했던 예측까지 설명할 수 있어야 한다. 불행히도 후자의 예언적 요소는 현상이 복잡해질수록 어려워진다.

물리학과 화학 사이에서 일어난 최초의 환원은 별에 기록됐다고 할 수 있다. 현대 우주물리학에서는 빅뱅 이후 원소들이 어떻게 만들어졌는지를 설명한다. 그 과정은 빅뱅 직후 약 3분 만에 일어났으며 빅뱅 핵합성nucleosynthesis이라 불린다(스티븐 와인버그Steven Weinberg가 쓴 《최초의 3분*The First Three Minutes*》이 이 주제를 다룬다). 당시 우주에는 양성자와 중성자가 있었고 온도는 엄청나게 높았다. 그것들의 상호작용으로 수소, 중수소, 헬륨, 리튬 또는 '아마도' 붕소 같은 가벼운 원소들이 만들어졌다. 이 과정은 전부 빅뱅 후 약 20분 만에 끝났다. 그 뒤에는 온도가 급격히 떨어졌으므로 더 무거운 원소들이 만들어졌을 가능성은 극도로 낮다. 무거운 원자가 생성되려면 작은 원자들의 핵을 합쳐야 하는데, 그러려면 양전하를 띤 양성자들 사이에 존재하는 엄청나게 강한 정전기적 저항을 극복해야 한다.

사실 더 무거운 원소들은 별 안에서 만들어졌고 지금도 여전히 만들어지고 있다. 이 원소들은 수소와 헬륨의 중력 붕괴로 형성된다. 제1세대 별들이 폭발했을 때 생성된 모든 무거운 원소들은 연이어 우주로 날아가버렸다. 칼 세이건Carl

Sagan이 우리는 모두 별의 먼지로 만들어졌다는 아름다운 말을 남긴 이유가 바로 이것이다. 예를 들어 우리 몸속에 포함된 철은 초기의 별에서 만들어졌다. 세이건은 이러한 발견을 정신적 측면으로도 해석했다. 즉, 우리는 말 그대로 모두 같은 물질로 만들어졌다. 모든 것은 하나이고, 그 하나가 전부다.

그러나 물리학이 화학에 아주 큰 문제를 일으켰다. 최초로 원자를 양자적 시각으로 바라봤을 때 물리학과 화학의 가장 큰 간극이 발견됐던 것이다. 핵심은 이렇다. 원자, 고로 분자는 고전 세계에서는 존재할 수 없다! 다시 말해 노트북도 시가도 없다는 뜻이다. 물론 이 책도 없다. 고전 법칙으로 원자의 안정성을 설명할 수 없는 이유는 고전물리학에서는 전하가 가속되면 에너지를 방출해야 한다고 가르치기 때문이다. 한 원자 안에서 핵 주위를 돌고 있는 전자, 즉 음전하는 지속적인 가속 상태에 있으므로 고전물리학에서는 전자가 에너지를 꾸준히 방출함으로써 에너지를 잃고 있다고 예측한다. 그러다 보면 전자는 양전하를 띠고 있는 핵에 전기적으로 더 가깝게 끌리고 결국 핵 속으로 추락하고 말 것이다. 따라서 고전 세계에서는 어떤 전자도, 어떤 분자도 존재할 수 없다.

다행히 양자적으로 원자들은 양자물리학의 주춧돌 격인

하이젠베르크Heisenberg의 불확정성 원리uncertainty principle에 의해 (고전 세계에서의) 붕괴로부터 '구출된다'. 불확정성 원리는 어떤 물체의 위치와 속도도 100퍼센트 정확히는 알 수 없다고 설명한다. 예를 들어 어떤 물체가 어디에 있는지 정확히 알수록 그 물체가 얼마나 빠르게 움직이고 있는지는 알 수 없다. 단 물체가 빨리 움직일수록 에너지가 더 크다. 마찬가지로 전자의 위치를 정확히 알면 그 전자의 속도는 알지 못하고, 그것의 에너지도 알 수 없다(아마도 전자는 여러 다른 속도의 중첩 상태일 것이다). 직관적으로 생각하면 전자가 핵으로 붕괴하지 못하게 막는 것이 바로 이 에너지다. 핵으로 붕괴된다는 말 자체가 전자의 위치를 아주 잘 알고 있는 것과 같기 때문이다.

옥스퍼드의 저녁 만찬에서 모두가 내 말에 동의하고 자기 말들을 쏟아내기 전에 내가 이야기하고 싶었던 '단절'이 바로 하이젠베르크의 이론과 같다. 고전 세계와 양자 세계를 나누는 선이 바로 내가 말한 단절이라는 개념이다. 하이젠베르크에게 단절은 굳어진 경계가 아니라 점차 더 큰 물체까지 포괄하도록 움직일 수 있는 유동적인 개념에 가깝다. 지금 우리가 탐험하는 물리학과 화학 사이의 주요 간극을 하이젠베르크의 단절로 생각할 수도 있다. 어쩌면 다른 모든 마이크로와 매크로의 간극까지도 설명할 수 있을 것이다. 그에 앞서 하이젠베르크와 단절에 관한 이야기에 추가할 것이 있다. 특히 더 큰 물체에 대해 이야기하고자 한다면 말이다.

하이젠베르크는 마이클 프레인Michael Frayn의 연극 〈코펜하겐*Copenhagen*〉에서 대중적으로 불멸의 명성을 얻었다. 이 연극은 하이젠베르크와 그의 스승 닐스 보어Niels Bohr가 원자폭탄을 제조하려는 나치의 시도에 관해 나누는 가상의 대화다. 연극의 일부는 실화에 바탕을 두고 있다. 보어는 코펜하겐 태생으로 제2차 세계대전 전에 막 미국으로 피신하려는 참이다. 히틀러가 득세하면서 유럽을 탈출해 주로 옥스퍼드로 피신한 많은 독일 과학자들과는 달리 하이젠베르크는 독일에 남아 핵폭탄 제조에 앞장섰다.

하이젠베르크는 전쟁 이후 사실은 자신이 이 프로젝트를 의도적으로 지연시켜 나치를 방해하고 연합군을 도왔다고 말했다. 게다가 자신이 독일의 상황을 보어에게 경고함으로써 미국이 맞대응하도록 촉구했다고 주장했다. 실제로 미국은 독일에 선수를 쳤다. 물론 복잡한 역사적 시나리오에는 언제나 반대 입장이 있기 마련이다. 논쟁의 반대편에서는 하이젠베르크가 연합군을 도운 적이 없고 다행히도 그가 핵폭탄을 만드는 데 필요한 우라늄의 양을 잘못 계산했을 뿐이라고 주장한다. 결과적으로 그는 (고전 세계의) 붕괴에서 원자를 구했고 유럽의 붕괴를 막은 것도 아마도 그일 것이다.

나는 하이젠베르크가 양자물리학과 고전물리학의 경계를 나누기 위해 수행했던 모든 일에 대해 꽤 많은 생각을 했다. 덕분에 베이징에 오기 직전에 참석했던 복잡성 관련 학회에서 벌어진 일이 더 흥미진진하게 느껴졌다. 강연자 중 한 사람인 스튜어트 카우프만Stuart Kauffman이라는 한 의사가 양자물리학과 고전물리학 세계 사이에 실제로 독립된 영역이 있을 것이라고 제안했다. 놀랍게도 카우프만이 보여준 슬라이드의 마지막 화면에서 그가 실제로 이 영역과 그것에 기반한 모든 기술에 특허를 냈다는 사실을 확인할 수 있었다. 농담이 아니다. 현실에 존재하는 어떤 영역을 개인이 소유하는 것이 실제로 가능한가 보다. 어쩌면 그는 우리 눈에 보이는 것보다 훨씬 더 천재일지도 모른다.

나는 용기는 물론이고 자포자기에서 비롯한 모든 행위에 전적으로 찬성하는 편이다. 하지만 의사가 (거의 확실히) 존재하지도 않는 영역에 특허를 낸다는 것은 단순한 비약을 넘어

낙하산 없이 비행기에서 뛰어내리는 수준의 무모함이라고 본다. 우리가 아는 한 모든 것은 양자다. 단지 어떤 조건에서는 고전물리학이 양자물리학을 쓸 필요가 없을 정도로 물질의 행동을 잘 설명할 뿐이다. 불평은 이제 그만. 가엾은 하이젠베르크는 무덤으로 돌아가야 한다.

그건 그렇고 하이젠베르크 방식으로 화학 주기율표를 설명할 수 있다는 이유에서 양자물리학은 물리학과 화학 사이의 가장 큰 간극을 좁혀준다. 양자물리학은 원자를 지금 우리가 보는 모습 그대로 설명할 수 있다. 그러면 더 나아가 양자물리학으로 원자들의 결합을 설명할 수 있을까? 원자는 어떻게 서로 화학적으로 상호작용해 온갖 결과물과 행동을 만들어내는 걸까?

고전물리학에서는 수소처럼 가장 단순한 원자가 결합해 분자를 형성하는 과정조차 설명할 수 없다. 모든 화학적 결합에 대해 말하다 보면 분명 딴 길로 새게 될 테니 그보다는 한 수소 원자가 유일한 전자를 잃고 다른 수소와 결합하는 과정만 설명하겠다. 수소 분자는 우리가 생각할 수 있는 가장 단순한 분자이지만, 물리학에선 이미 쉽지 않은 존재다.

수소 원자 두 개가 서로를 향해 접근하면 둘 중 한 원자에 있는 전자가 다른 원자로 껑충 뛰어 건너갈 기회가 생긴다. 그러면 전자를 잃어 궤도에 빈자리가 남는다. 기억하라. 양자물리학은 사물에 일어날 모든 기회에 관한 것이다. 전자가 한쪽으로 건너간다는 건 다시 돌아올 기회도 있다는 뜻이다. 사실 양자적 관점에서 전자는 동시에 두 개의 서로 다른 장소에, 즉 이쪽 수소 원자 가까이에도, 저쪽 수소 원자 가까이에도 있을 수 있다.

두 진동계 사이의 에너지 교환을 잘 보여주는 아름다운 실험이 있다. 양쪽으로 고정된 지지대 사이에 수평으로 연결된 끈이 있고 가운데 부분에 두 개의 진자가 나란히 매달려 있다. 한 진자가 운동을 시작해 앞뒤로 흔들리다가 움직임이 서서히 잦아들 무렵 다른 진자가 움직이기 시작하면서 첫 번째 진자가 멈출 때까지 점점 진폭이 커진다. 그러다가 그 과정이 역전돼 두 번째 진자의 움직임이 약해지고 첫 번째 진자의 진폭이 커진다. 이 과정은 공기 저항과 다른 마찰력에 의해 두 진자가 모두 멈출 때까지 계속될 것이다. 같은 방식으로 하나의 전자는 두 원자 사이를 왔다 갔다 할 수 있다.•

• https://www.youtube.com/watch?v=OOBbY7WOh3I 참조.

전자가 이런 식으로 양자 중첩 상태일 때는 한 원자에 머무를 때보다 에너지 준위가 낮다고 밝혀졌다. 자연은 낮은 에너지 상태를 선호하므로 결국 두 수소는 결합한다. 이 결합은 중첩된 위치에 있는 전자에 의해 매개되는데, 이는 고전물리학에서 완전히 불가능한 것이다. 화학과 양자 사이의 간극은 단지 연결된 것일 뿐만 아니라 서로 의존한다.

좋은 설명이다. 그렇다면 헬륨은 왜 같은 방식으로 작동하지 않는가? 그리고 왜 두 개의 헬륨 원자가 분자를 이루는 것을 본 적이 없는가? 그 이유는 헬륨이 이미 같은 상태에 있는 두 개의 전자를 갖고 있으므로 파울리의 배타 원리에 따라 다른 전자를 새로 받을 수 없기 때문이다. 그래서 전자가 두 개의 헬륨 원자 사이를 뛰어다닐 수 없으므로 분자를 형성해 에너지를 줄일 방법이 없는 것이다.

양자물리학적으로는 전자가 몇 개밖에 안 되는 경우일지라도 원자들이 결합하는 방식의 역학 관계에 대해 상세한 내용을 모두 시뮬레이션하기가 힘들다. 나는 여기서 수소 원자 두 개가 결합해 수소 분자가 되는 것, 수소 두 개와 산소 하나가 결합해 물 분자가 되는 것까지만 설명하겠다. 양자물리학적으로 자연에서 이런 반응이 일어나는 이유는 명백하지만 그 과정의 완전한 세부 사항은 아직 연구되지 않았다. 현재는 그저 뒷받침할 증거를 기다리고 있을 뿐이다.

최근 물 분자 이야기에 관한 흥미로운 반전이 일어났다. 내가 이 문장을 쓰고 있는 지금, 날이 저물기 시작하자 블루프로그 카페의 웨이터가 분주한 손으로 내 옆에 있는 작은 사각형 유리잔에 조심스럽게 얼음물을 채운다. 그 옆에 싱글몰트 위스키를 내려놓는다. 물은 세상에서 가장 평범하지 않은 액체 중 하나다. 물의 기이한 습성들은 생명 현상에 필수적이다. 예를 들어 액체 상태의 물은 고체일 때보다 밀도가 높다. 즉, 얼음이 물에 뜬다는 뜻이다. 그 덕분에 물고기들이 반쯤 얼어버린 강과 호수에서도 살아갈 수 있다. 또한 물은 열용량이 높다. 그 말은 물을 아주 조금이라도 데우려면 많은 열이 필요하다는 의미다. 포유류가 체온의 항상성을 유지하는 원리도 이러한 물의 특성을 이용한 것이다.

그러나 컴퓨터 시뮬레이션에 따르면 양자물리학은 생명을 주는 물의 성질들을 강탈하다시피 한다. 물의 특성은 대체로 H_2O 분자를 그물망 구조로 붙들어주는 약한 수소 결합에서 비롯한다. 예를 들어 액체 상태일 때보다 좀 더 개방된 구조로 얼음 분자를 유지하는 것은 수소 결합이다. 그 구조 때문에 얼음의 밀도가 낮아진다. 반대로 액체에서 수소 결합이 없어진다면 액체 분자가 자유롭게 돌아다니면서 단단한 고체 구조보다 더 많은 공간을 차지할 것이다.

이러한 현상을 설명하는 것은 너무 복잡해서 컴퓨터 시뮬레이션을 이용할 수밖에 없다. 아무튼 양자 효과를 포함하는 시뮬레이션에서 수소 결합의 길이는 하이젠베르크의 불확정성 원리 때문에 끊임없이 변한다. 그 말은 어떤 분자도 다른 분자에 대해 정해진 위치를 가질 수 없다는 의미다. 그로 인해 네트워크는 불안정해지고 물의 특별한 성질들이 제거된다. 그렇다면 우리는 과연 양자물리학이 물 분자의 존재를 설명할 수 있을지 의문이 든다. 안정을 방해하는 양자 효과 앞에서도 물이 어떻게 수소 결합의 네트워크로서 지속적으로 존재할 수 있는지는 최근까지도 미스터리였다.

이쯤에서 물을 한 모금 마셔야겠다.

2009년에 양자물리학자 토마스 마클랜드Thomas Markland는 물의 연약한 구조가 완전히 부서지지 않는 이유를 제안했다. 동료 연구자들과 함께 그는 불확정성 원리가 각 물 분자 안에서 결합의 길이에도 영향을 준다고 계산했고, 그것이 분자가 서로 끌어당기는 힘을 강화하는 방식으로 작용해 수소 결합 네트워크를 유지한다고 주장했다. "어쩌다가 물은 서로를 상쇄하는 두 개의 양자 효과를 가진 셈이 됐다." 그렇다. 각 분자 위치에 적용되는 불확정성 원리가 있다. 분자의 속도가 임의의 큰 수가 아닌 한, 그것의 정확한 위치를 알 수 없다고 설명하는 하이젠베르크의 불확정성 원리 때문이다. 그러나 한 분자에서 원자 간의 힘에 영향을 미치는 분자의 결합 길이도 똑같은 불확정성 원리의 영향을 받는다. 이것은 앞에서 원자의 위치가 가지는 불확정성을 확실하게 상쇄하는 것으로 밝혀졌다. 얼마나 다행인지 모르겠다.

물론 화학에는 여전히 양자물리학으로 환원하기 어려운 질문들이 있다. 그리고 설명해야 할 부분도 많다. 그러나 두 과학 사이에서 지금까지 해소된 모든 간극과 마찬가지로 이들 문제에 답이 정해지는 건 시간문제다. 화학의 어느 부분에서도 양자물리학의 법칙이 정말로 무너질 거라는 조짐은 찾아볼 수 없다. 또한 양자물리학의 법칙으로 모든 화학 현상을 설명할 수 없다는 징조도 없다. 고로, 여기에 간극은 없다. 우리의 제한된 실험 속에 있는 그 하나를 제외하면.

안타깝게도 이것은 이야기의 끝이 아니다. 화학에서 마이크로와 매크로 사이의 가장 큰 간극은 우리의 제한된 실험

능력과 그 이면에 있는 원인, 바로 컴퓨터로 설명할 수 있다. 애시드 그린색 눈동자를 가진 화학자가 말했던 것처럼.

화학에서 양자 계산은 상황의 복잡성 때문에 거의 언제나 컴퓨터상에서 숫자로 이루어진다. 여기서 우리는 또 다른 흥미로운 가능성을 만나게 된다. 물리학과 화학 사이의 간극이 줄어들 수 없는 본질적인 이유가 혹시 컴퓨터의 능력이 부족한 탓은 아닐까? 양자물리학과 중력에 관해 이야기할 때와는 다르게 여기에서 환원 불능의 이유는 전적으로 다른 기원, 그러니까 현실적으로 컴퓨터에 있다.

이 모든 것은 흥미롭게도 다음 질문과 관련이 있다. 작은 마을의 한 이발사는 스스로 면도하지 않는 모든 남성에게 면도를 해준다는 말을 생각해 보라.

여기서 질문. 이발사는 자신의 수염을 깎아야 하는가, 깎지 않아야 하는가?

이 문제를 처음 들어봤다면 생각할 시간을 좀 주겠다.

당신도 잘 알겠지만 지금 읽고 있는 책은 과학과 각 분야 간에 존재하는 자연에 대한 이해의 간극에 관한 것이다. 반면에 컴퓨팅은 수학에 기초를 두고 있다는 점에서 범위를 조금 벗어난다. 갈릴레오 갈릴레이는 수학과 과학의 관계를 이렇게 표현했다. "자연이라는 위대한 책은 수학 기호로 쓰였다." 다시 말해 자연 현상을 설명하려면 수학이 필요하다는 뜻이다. 그렇다면 수학이 과학에 도움이 되는 건 자명하다. 하지만 수학이 우리를 방해할 수도 있을까? 그것이 간극이라는 대환원의 난관 뒤에 있는 근본 원인이 아닐까?

수학은 과학과 유사한 방식으로 구획화된다. 이 과정은 학교에서 시작된다. 어려서부터 우리는 대수학, 산술, 삼각법 등을 서로 전혀 다른 분야인 것처럼 배운다. 이러한 구분법이 얼마나 많은 학생을 수학에서 멀어지게 만드는지 생각하면 마음이 아프다. 보통 학생들은 학교에서 수학과 일상생활의 연관성을 배우지 않기 때문이다. 학교 밖에서도 마찬가지다. 수 이론의 전문가도 함수 해석에 관해서는 알지 못하는 경우가 많다.

수학 전체가 한 세트짜리 법칙으로 환원될 수만 있다면 얼마나 좋을까? 그렇게만 되면 각 분야의 수학 사이에 존재하는 간극이 모두 사라질 텐데 말이다. 결국 이 책에서 과학에 관해 묻고자 하는 것도 그것이다. 그렇다면 수학에 대해서도 같은 질문을 할 수 있지 않을까? 하지만 불행하게도 수학 전체를 단순한 공리로 환원한다는 발상은 쿠르트 괴델Kurt Gödel

이라는 오스트리아 논리학자에 의해 박살이 났다. 고마워요, 괴델.

다행히 괴델에게 화를 내기는 어렵다. 프란츠 카프카Franz Kafka의 소설에서 방금 걸어 나온 것만 같은 성격과 진정한 추상적 사상가에게서만 볼 수 있는 현실 세계에 대한 순수함을 지닌 그가 남긴 일화가 있다. 괴델이 나치를 피해 미국으로 망명할 때, 입국 심사관 앞에서 미국 헌법에 대해 도전한 적이 있다. 심사관이 말했다. "오스트리아나 독일의 헌법과는 다르게 미국 헌법은 독재를 금지합니다." 그러자 괴델이 말했다. "그것은 사실이 아니오. 내가 미국 헌법을 읽어봤는데 거기에서도 독재를 허용하고 있었소. 무슨 말인고 하니…." 그가 근거를 자세히 풀어놓기 전에 다행히 옆에 있던 또 다른 유럽인 망명자 친구가 그의 입을 틀어막았다. 이렇게 사랑스러운 면이 있는 사람이었는지는 모르지만, 괴델은 수학의, 그러므로 컴퓨터의, 그러므로 과학의 통합을 이룰 뻔한 연구에 보기 좋게 어깃장을 놓았다.

괴델의 발견을 설명하기 전에 먼저 그가 활동하던 시대 이전으로 돌아가야 한다. 수학을 통합하려는 시도가 시작되었던 때로, 즉 영국 수학자이자 나중에는 철학자가 된 버트런드 러셀Bertrand Russell에게로 돌아갈 시간이다. 19세기의 말에 러셀은 수학자 알프레드 노버트 화이트헤드Alfred Norbert Whitehead와 함께 수학 전체를 논리로 환원하는 작업에 열중하고 있었다. 이것은 수십 년 전에 게오르크 칸토어Georg Cantor와 리하르트 데데킨트Richard Dedekind가 주창한 집합론을 근거로 삼는다.

말 그대로 집합론은 집합에 관한 것이다. 자연수의 집합에는 1, 2, 3… 등 모든 수가 포함된다. 그리고 모든 수가 각각 하나의 집합이 될 수 있다. 3이라는 수는 양 세 마리, 담배 세 개피 그리고 성부와 성자와 성령처럼 원소를 정확히 세 개씩 포함하는 모든 집합의 집합이다. 러셀과 화이트헤드가 그때까지 접했던 모든 것은 하나의 집합으로 표현될 수 있었고 삼각법이건 대수학이건 해석학이건 수학의 전 분야가 집합 간의 관계로 환원될 수 있었다. 얼마나 대단한 비전인가! 수학 전체를 집합론 하나로 환원하다니!

하지만 안타깝게도 그것은 오래가지 못했다.

러셀과 화이트헤드는 수학의 나머지도 모두 집합으로 표현하려고 애를 썼다. 약 10년 후 거의 완성 단계에 이르렀을 때, 그들은 끔찍한 사실을 깨달았다. 집합으로 취급할 수 없는 걸 만났기 때문이다.

먼저 모든 집합의 집합을 상상해 보라. 이 집합에는 그 집합 자신이 포함된다. 가능한 모든 집합을 포함하는 집합이라는 정의로 보면 당연하다. 이제 자신을 제외한 모든 집합의 집합을 상상해 보라. 이 집합은 첫 번째 집합과는 한 가지 요소만 다르다. 다른 모든 집합을 포함하지만 자신은 포함하지 않는다.

그렇다면 집합에는 자신을 포함하는 집합이 있고, 자신을 포함하지 않는 집합이 있다고 볼 수 있다. 예를 들어 모든 물리학자의 집합은 집합 자체로는 물리학자가 아니므로 자신을 포함하지 않는 집합이다. 반면에 상상할 수 있는 모든 것의 집합은 제 집합의 원소가 된다. 정의로 보자면 이때는 그 집합도 상상의 소산이기 때문이다.

이제 마지막으로 물리학자 집합이나 식물 집합처럼 자신을 포함하지 않는 모든 집합의 집합을 상상해 보라. 여기서 질문. 이 집합은 자신을 포함하는가?

이제 다시 우리의 이발사와 아마도 덥수룩해 있을 그의 턱으로 돌아가보자. 만약 이발사가 자신을 면도하는 것 또는 면도하지 않는 것의 문제점을 깨달았다면 여기에도 집합의 개념이 똑같이 적용된다. 만약 이발사가 자기를 면도한다면, 그것은 옳지 않다. 그는 스스로 면도하지 않는 사람만 면도하기 때문이다. 그러나 만약 그가 자신을 면도하지 않는다면 그것 또한 옳지 않다. 그는 자기가 면도하지 않는 모든 사람을 면도하기 때문이다. 여기에서 벗어날 방법은 없다. 두 가능성 사이에서 무한으로 왔다 갔다 하는 수밖에. 어떤 것도 옳지 않다.

같은 모순이 모든 집합의 집합에도 해당한다. 만약 "자신을 포함하지 않는 모든 집합의 집합"에 자신을 포함시키면 그것은 잘못된 것이다. 이 집합은 자신을 포함하지 않는 집합만 포함하기 때문이다. 그러나 이 집합이 자신을 포함하지 않는다고 말하면 그것 역시 잘못된 것이다. 왜냐하면 이 집합은 자신을 포함하지 않는 모든 것을 포함하기 때문이다!

집합으로 취급할 수 없는 것을 발견한 러셀은 불쌍하게도 우울증에 걸렸다. 수학의 전부를 또는 그 문제에 관한 다른 무엇이라도 논리의 규칙으로 환원하는 작업에서 내부적 모순을 발견한 것이다. 결국 그는 수학자에게는 개종이나 진배없는 행동을 했다. 러셀은 철학자가 됐다. 참고로 나는 철학자가 되는 것이 훌륭한 우울증 치료법이라고 말하는 게 아님을 분명히 밝혀둔다. 비록 러셀에게는 먹혔던 것 같지만.

아무튼 러셀의 발견은 수학이 자신의 가지들 중 하나로 환원될 수 없다는 최초의 신호였다. 그리고 몇십 년 뒤 괴델은 수학의 가지 중에서 각각 단순한 공리, 즉 자명한 수학적 진리로 환원될 수 있는 것은 하나도 없음을 깨달았다. 괴델은 이러한 수학적 진리를 간단한 숫자로 보여줬다. 예를 들어 내 앞에 싱글 몰트 위스키 한 잔이 있다. 내가 웨이터에게 한 잔 더 달라고 하면, 나는 싱글 몰트 위스키 두 잔 또는 두 배의 싱글 몰트를 마시는 셈이다. 즉, 1+1=2이다. 괴델은 이와 같이 도출된 하나의 수학적 진리, 즉 정리定理가 반드시 추론될 수 있는 것은 아니라는 점을 발견했다. 그래서 산술과 같은 수학의 다른 가지들은 논리로 환원될 수 없을 뿐만 아니라 논리와 산술조차 간단한 공리만으로는 완전히 설명될 수 없는 것이다.

괴델의 주장을 더 깊이 파고드는 대신, 사람들이 그나마 쉽게 받아들일 컴퓨터를 사용해 같은 주장을 펼쳐보겠다. 그럼 무대 뒤에서 활약한 전쟁 영웅, 앨런 튜링Alan Turing을 소환해 보자.

스포일러 주의. 튜링이 마주한 난제는 물리학과 화학 사이의 간극은 물론이고 물리학과 다른 과학 사이의 간극에 대한 광범위한 결과를 불러올 것이다.

당신은 러셀과 이발사의 역설이 일개 마인드 게임인지 궁금할지도 모르겠다. 이발사의 역설에서 당신은 자기 언급성 정의를 내리는 문제로 어려움을 겪었지만, 이것이 실제로도 문제가 될까? 분명히 그렇다. 이 깨달음은 튜링의 공이다. 실제로 튜링은 꽤 많은 것에 공을 세운 사람이다. 그가 암호를 해독한 덕분에 유럽에서 전쟁이 약 4년 정도 단축됐다고 추정된다.

제2차 세계대전 당시 튜링은 케임브리지대학교의 한 실험실에서 범용 컴퓨터universal computer란 아이디어를 떠올렸다. 튜링의 범용 컴퓨터는 이론상 다른 모든 컴퓨터를 시뮬레이션할 수 있는 컴퓨터를 말한다. 이 개념이 우리에겐 낯설지 않다. 현재 우리가 사용하는 모든 컴퓨터가 사실상 범용 컴퓨터이기 때문이다. 하지만 컴퓨터 자체도 아직 존재하지 않던 튜링의 시대에는 혁명적인 발상이었다. 선견지명이 있었던 튜링은 범용 컴퓨터라는 개념이 실제로 인간의 사고를 시뮬레이션할 수 있다고 믿었다.

하지만 러셀의 집합과 마찬가지로 범용 컴퓨터에도 한계

가 있었다. 범용 컴퓨터는 무작위적으로 입력된 프로그램에 대해 언젠가 실행이 중단될 것인지 또는 영원히 실행이 끝나지 않을지를 판별할 수 없었다. 홀팅 문제halting problem, 즉 정지 문제라고 부르는 이러한 역설은 본질적으로 러셀의 문제와 유사하다. 프로그램 중에는 "'당신을 사랑합니다'를 5번 인쇄하시오"처럼 과제를 실행한 다음 멈추는 것이 있고, "그 이발사가 과연 자신을 면도할 것인지 말하시오"처럼 무한 루프에 빠지는 것이 있다. 두 과제는 답이 뻔하고, 간단한 조사로 쉽게 결과를 알 수 있다. 그러나 대부분의 프로그램은 훨씬 복잡하기 때문에 정지 여부를 끝내 결정할 수 없다.

러셀의 집합이 집합의 집합을 제외한 나머지는 문제없이 아우른 것처럼, 범용 컴퓨터 역시 다른 모든 컴퓨터와 그 행동은 시뮬레이션할 수 있지만 홀팅 문제는 해결할 수 없다. 만약 의심스럽다면 언제든 직접 프로그램을 실행해 컴퓨터가 정지하는지 아닌지 확인해 보라. 열흘이 지나도록 컴퓨터가 계속 돌아간다면, 언젠가 컴퓨터가 실행을 끝내고 결과를 생산하는 날이 올지 알 수 없을 것이다. 사실 대부분의 프로그램은 너무 복잡해서 직접 실행하고서 기다리는 수밖에 없다.

컴퓨터가 홀팅 문제로 어려움을 겪는 이유는 직관적인 측면에서 러셀의 역설과 유사하다. 우리는 특정 프로그램을 실행했을 때 정지 여부를 범용 컴퓨터가 판별할 수 있는 프로그램, 즉 홀팅 프로그램이 필요하다. 그러나 홀팅 프로그램 자체도 범용 컴퓨터에서 실행된다. 그렇다면 이 프로그램은 자신보다 더 많은 정보를 포함해야 한다. 결국 홀팅 프로그램은 자기 자신을 다루지 않는 프로그램만 다룰 수 있다는 말이다.

다른 개념으로도 확장해 보자. 영국의 항공 기술자이자 조종사인 존 던John Dunne이 쓴《시간의 실험*An Experiment with Time*》에서 시간에 대한 매혹적인 관점을 다룬 이야기를 읽은 적이 있다. 이 관점에 따르면 세상에는 우리가 시계로 맞춰 놓은 시간 말고도 다른 시간이 무한히 있다. 던은 시간을 또 하나의 차원으로 취급해야 한다고 주장한다. 그리고 우리가 공간 속에서 앞뒤로 움직이는 것처럼 시간의 축에서도 위아래로 움직일 수 있다고 말한다. 그러나 시간의 축 위에서 일어나는 움직임을 기술하려면 이 축 위에서 측정할 수 있는 속도를 알려주는 다른 시간의 축이 있어야 한다. 다시 두 번째 시간의 축을 설정하는 순간 그 축 위에서 일어나는 움직임을 기술할 또 다른 시간의 축이 필요함을 깨닫는다. 이렇게 축의 축이 끝없이 이어진다.

나는 아직 블루프로그 카페에서 위스키 몇 잔을 더 마시고 있다. 내가 평소에 자주 앉는 야외 테이블에서는 카페의 한쪽 벽을 차지하는 커다란 그림이 보인다. 예술 작품으로서는 썩 마음에 들지 않지만 나도 모르게 종종 눈길이 가곤 한다. 초신성 폭발 장면을 그린 그림이다. 잘 그리긴 했지만 어딘가 비율이 잘 맞지 않는 것 같다. 그 그림을 보니 생각나는 또 다른 유사한 비유가 있다. 세상을 한 치의 오차도 없이 그려내고 싶어 한 화가의 이야기다. 그러나 그는 그림을 완성했다고 생각한 순간 이 그림에 자신, 즉 화가가 없다는 사실을 깨닫는다. 그림에 자신을 그린다고 해도 자신을 그려 넣은 화가는 여전히 그림에 없는 셈이다. 이것 또한 홀팅 문제와 연관이 있다. 즉, 우리는 무작위 프로그램이 정지할지 아닐지를 판별할 프로그램을 가질 수 없다.

튜링은 홀팅 문제를 설명하기 위해 앞서 내가 집합론을 설명할 때 잠깐 언급한 칸토어의 대각선 논법을 사용했다. 대각선 논법이란 실수實數가 비가산 집합임을 증명하기 위해 칸토어가 발명한 방법이다. 그는 정수보다 실수의 수가 많다는 것을 보여 이를 증명했다.

셜록 홈스에 비견할 만한 칸토어의 아름답고 간단한 추론 과정은 다음과 같다. 세상의 모든 실수를 나열할 수 있다고 상상해 보자. 그 말은 비록 무한하기는 하나, 목록이 있다는 뜻이다. 다음과 같은 목록을 가정해 보자.

100000001…

222233333…

435678920…

768839399…

674839302…

573992749…

칸토어가 증명한 방식은 이렇다. 첫 번째 수의 첫째 자릿수, 두 번째 수의 둘째 자릿수, 세 번째 수의 셋째 자릿수…. 이렇게 숫자를 취해 나열하면 125832…라는 수가 나온다. 이제 이 수의 각 자릿수에 1을 더하면(9에 1을 더하면 0이 나온다고 정한다) 236943…이라는 수가 나온다. 이 수는 이 목록에 있을 수 없다. 왜냐하면 이 수는 목록의 첫 번째 수와는 첫째 자릿수가 다르고 두 번째 수와는 둘째 자릿수가 다르고 세 번째 수와는 셋째 자릿수가 … 다르기 때문이다. 그런데 이런 방식으로 목록에 없는 수를 찾았지만 그건 이 목록이 모든 실수를 열거한다는 가정과 충돌한다.

어떤 목록을 나열하든 칸토어의 대각선 논법을 사용하면 언제나 그 목록에 없는 수를 만들 수 있다. 이 수들을 서로 다른 컴퓨터 프로그램에 매긴 번호라고 생각하면 곧 홀팅 문제가 된다.

때때로 중요한 발상은 상관없는 활동에 매진할 때 예기치 않게 떠오른다. 작가의 폐색•을 치료하려면 글쓰기와는 전혀 다른 일을 하라고들 말한다. 몸과 마음이 다른 데로 분산되면 글을 써야 한다는 압박이 사라지면서 오히려 깊은 사고가 일어날 수 있기 때문이다. 샤워도 한 방법이다. 많은 사람이 세차게 쏟아지는 물을 맞는 동안 획기적인 발상이 떠올랐다고 말한다. 일본의 신토 승려들은 폭포 아래에서 미소기라고 부르는 정화 예식과 명상을 수행한다. 샤워도 폭포처럼 생각을 자극하는 효과가 있다.

• 생각의 흐름이 막혀 작가가 새로운 작품을 쓸 수 없는 상태.

나도 중국의 만리장성에서 비슷한 종류의 통찰을 얻었다. 나는 바로 어제 이 놀라운 건축물에 방문했다. 만리장성은 중국 북부의 산맥을 따라 7,000킬로미터 이상 뻗어 있다. 중국을 통일한 진왕조(기원전 221~기원전 206)가 북방의 침입자를 막고자 지은 방벽이다. 성벽에서 보는 경치는 숨이 막힐 정도로 훌륭했다. 만리장성을 짓는 데 들었을 엄청난 시간과 인간의 노동력에 감탄하지 않을 수 없었다.

다섯 시간 동안 성벽을 걸으며 나는 베이징에서 온 동료와 고대 중국의 도교에 관해 아주 흥미로운 이야기를 나눴다. 마침 그도 도교를 믿는 신도였다. 도道란 '길'이라고 번역되고, 도교의 철학은 '흐름을 따라가는 것'으로 설명될 수 있다. 애써 노력하지 않고 있는 그대로의 순리를 따르는 것을 무위無爲라고 하며 쉽게 말해 '애쓰지 않는 담담함' 정도로 해석할 수 있겠다.

이러한 종교의 가르침 뒤에는 깊은 철학이 깃들어 있다. 도교의 가장 잘 알려진 문헌인 《도덕경》은 기원전 6세기경 노자가 쓴 것으로 다음과 같이 시작한다.

도라 부를 수 있지만 불변의 도는 아니고,

이름을 부를 수 있지만 불변의 이름이 아니다.

문득 이것이 홀팅 문제와 괴델의 불완전한 형식적 수리계를 포함한 모든 언어의 한계를 표현하는 도교적 방식일지도 모른다는 생각이 만리장성 등반길에 떠올랐다. 사물에 이름을 붙이는 순간 자동으로 그것을 제한하게 된다. 그리고 제한하는 순간 이름의 한계를 넘어서는 무엇을 생각할 수 없게 된다. 어린아이들은 자연의 아름다움과 깊이 앞에서 입을 벌리고 경탄한다. 그러나 이내 '꽃'과 '나무'라는 꼬리표를 붙이는 법을 배운다. 딱지를 붙인 후에는 세상이 표지판으로 전락하면서 눈앞에 보이는 모든 것이 서서히 마법을 잃어간다. 어쩌면 인간은 분류하고 구분하려는 욕망 때문에 무한의 개념을 잃어가는지도 모른다.

홀팅 문제 그리고 괴델과 칸토어의 주장은 결정적으로 무한의 개념, 즉 수를 끝없이 추가할 수 있다는 사실에 의존한다. 예를 들어 보통의 PC와 같은 유한계에서는 언젠가 공간이 바닥날 것이다. 만약 메모리가 제한적이면 공간이 다 찰 때까지 한정된 수만 나열할 수 있다. 그러면 칸토어의 주장은 적용할 수 없다. 튜링의 범용 컴퓨터에서 칸토어의 정수는 정지 여부가 확실한 프로그램에 해당한다. 그것을 감안하면 우리는 언제나 칸토어의 대각선 논법을 반영하는 주장에 따라 결정할 수 없는 프로그램을 만들 수 있다.

프로그래머들이 이런 것들을 걱정할까?

"그럼, 당연하지."

프로그래머인 내 오랜 대학 친구가 눈을 부라리며 말했다. 그는 홀팅 문제를 다루는 한 가지 방법을 소개했다. 프로그램 코드의 모든 서브 루틴이 미리 지정된 시간 이전에 실행되도록 만드는 것이다. 또 다른 방법으로는 무한 루프로 이어지지 않는다고 알려진 제한된 프로그래밍 언어를 사용하는 것이다. 여기에서 홀팅 문제는 현실 세계에 중대한 영향을 미친다. 만약 당신이 컴퓨터 프로그래밍을 현실로 생각한다면 그러하다.

"아마 누군가는 이것이 유일한 현실 세계가 되고 있다고 말할 테지."

다시 내 오랜 친구가 도발적으로 제안했다. 내가 뭐라고 답했는지는 말하지 않겠다.

이제 화학을 물리학으로 환원하는 이번 장의 주제로 돌아가자. 옥스퍼드 만찬에 참석했던 애시드 그린색 눈동자를 가진 여성 화학자를 생각하니 화학에서 "이런저런 분자들이 충돌했을 때 무슨 일이 일어날지 계산하시오"와 같은 대부분의 문제들이 너무 복잡해 손으로는 풀 수 없다고 말하던 그녀의 절망감이 떠오른다. 그런 문제들은 컴퓨터상에서 수치적으로 시뮬레이션해야 한다.

내가 당신에게 특정 화학 반응에 필요한 재료들을 알려주고 미래의 언젠가 질소의 농도가 산소의 농도보다 커지는 순간이 올지 물었다고 해보자. 이 문제는 홀팅 문제와 마찬가지로 답할 수 없다. 비록 답은 확실히 "예"이거나, 확실히 "아니오" 중 하나라는 걸 알면서도 실제로 반응이 전개되는 과정을 지켜보는 것 외에는 달리 말할 방법이 없다.

사실 이것은 내 동료인 밀레 구Mile Gu가 박사과정 논문에서 공식적으로 증명한 것이다. 그는 컴퓨터상에서 화학 반응을 시뮬레이션했을 때 서로 다른 농도 문제를 해결하는 것은 결국 홀팅 문제를 푸는 것과 같다는 사실을 보여줬다.

마침 나는 오늘 오후 구와 만날 칭화대학교 근처의 한 카페에서 이 글을 쓰고 있다. 구는 이곳의 양자정보학 교수다. 그의 연구는 이 퍼즐의 중요한 조각을 담당한다.

결국 양자물리학이 적어도 부분적으로라도 홀팅 문제를

설명할 수 있는지가 핵심이다. 만약 그럴 수 있다면, 그래서 이 크나큰 컴퓨터 난제가 처리된다면 물리학과 화학 사이의 간극은 없어질 것이다. 그리고 우리는 아주 많은 문제를 해결하게 될 것이다.

대학 주변은 활기가 넘친다. 소음과 매연이 넘쳐나고 지저분하고 시끌벅적하다. 내가 좋아하는 것들이다. 나는 버니드롭 카페에 앉아 창밖을 내다보며 더블 에스프레소를 홀짝거리고 당근 주스를 곁들여 마시는 중이다.

근처에 아름다운 이화원과 마법 같은 원명원이 있다. 군데군데 수련이 떠 있는 호숫가를 걷는 것은 영적인 경험에 가깝다. 작은 돌다리를 건너 또 다른 골목과 구역을 발견하면서 수세기 동안 중국의 황제들만 즐기던 풍경을 바라본다. 한편으로는 1839~1860년의 아편 전쟁과 그 이후 문화 혁명 기간의 야만적 행위와 약탈이 떠오른다.

구의 논문에서 가장 중요한 요소는 소위 이징 모형Ising model이다. 이징 모형은 아주 단순한 모델이지만 라르스 온사게르Lars Onsager가 고작 2차원 이징 모형의 해를 구한 것으로도 노벨상을 받았다. 그만큼 극도로 어려운 모델이다.

각각 '위'와 '아래'의 두 가지 상태만 있는 계들의 사슬이 있다고 가정하자. 각 계는 오직 서로 이웃하는 계와 상호작용한다. 상호작용 결과 각각의 스핀은 위에서 아래로 또는 반대로 뒤집어진다.

이러한 계는 1920년대에 에른스트 이징Ernest Ising이 박사 연구 과정에 처음 생각해 냈다. 그는 이 계의 사슬이 자발적으로 자기화돼 모든 스핀이 갑자기 한 방향을 가리키는 상황이 있는지에 관심이 있었다. 안타깝게도 그는 이 모델에는 상전이phase transition가 없다는 사실을 분명하게 확인했다. 만약 이런 사슬상에 있는 원자를 작은 자석이라고 생각한다면, 밖에서 무슨 일이 일어나더라도 자발적으로 정렬하는 일은 없을 것이다.

또한 이징은 마이크로와 매크로의 간극을 연결하고 있었다. 작은 자석에 해당하는 원자에서부터 자성을 띠는 하나의 고체 물질까지 말이다. 흥미로운 사실은 원자들이 모두 초기에는 비자기화 상태일지라도 자발적으로 자기화될 수 있다는 것이다. 1차원 세계에서는 절대 일어날 수 없는 일이다. 마이크로 수준에서 상전이를 설명하고 싶었던 이징에게는 너무나 실망스러운 결론이었다. 결국 그는 박사학위를 받은 후 물리학에서 손을 뗐다.

이징에게는 안타까운 일이지만, 20년쯤 후 온사게르는 사슬 대신 원자의 2차원 배열에서는 충분히 낮은 온도일 때 상전이가 일어난다는 사실을 논문으로 발표했다. 그 공로로 온사게르는 노벨화학상을 받았다. 그 이후 상전이 분야 전체가 발전하기 시작했고 중요한 발견들이 수없이 쏟아지면서 노벨상 수상자도 나왔다.

그러나 여기서는 이징의 계가 실제로 보편적 계산을 수행할 수 있는지가 중요하다. 위와 아래의 상태를 각각 0과 1로 두고 스핀 간의 상호작용을 계산 게이트로 생각한다면 2차원 이징 모형은 사실상 튜링의 범용 컴퓨터와 마찬가지다. 이 장치는 우리가 원하는 어떤 계산도 수행할 수 있지만 그러므로 홀팅 문제를 겪게 될 것이다. 이 경우 문제는 다음과 같다. 계가 초기에 일부는 위, 일부는 아래처럼 임의로 구성됐을 때 미래의 언젠가 위보다 아래 상태의 계가 더 많아진다고 말할 수 있을까? 답은 "아니오"다. 우리는 말할 수 없다. 만약 그렇다고 답할 수 있다면 진작에 홀팅 문제를 해결하고도 남았을 것이다.

그러나 정말 그렇게 크게 다를까? 이것은 심오한 질문이고 통상 환원주의라는 이름으로 통한다. 한 가지 설명이 다른 설명으로 환원됐다고 볼 수 있는 방법은 많다. 예를 들어 우리는 화학의 모든 법칙을 포함해 화학의 모든 진리를 물리학의 언어로 표현할 수 있을 때 비로소 화학이 물리학으로 환원됐다고 말할 수 있을 것이다. 한편 '한 이론에 의해 설명된 모든 관찰이 다른 이론으로도 설명되는 것'이 환원이라고 제안할 수도 있다.

둘 다 양자물리학을 사용해 화학을 설명할 수 있는 것만큼 강력하지는 않은 것 같다. 실제로 화학의 모든 법칙이 공식적으로, 즉 수학의 공식에 의해 물리학의 법칙에서 도출될 수 있다고 보인다. 이것은 뉴턴의 거시적 운동 법칙을 사용해 거시적인 기체 방정식을 도출한 베르누이와 볼츠만의 방식과 같다. 구와 그의 동료들은 쉽게 '환원될' 수 없는 물리계와 이론물리학 및 컴퓨터과학 사이에서 발달한 공생의 아름다운 예시를 보여줬다.

환원주의 안에서 '이해할 수 있는 것'을 다루기 위해 영국 과학자 스티븐 울프럼Stephen Wolfram은 컴퓨터 계산과 물리적 세계의 전개 사이의 관계를 조사했다. 그는 환원할 수 있는 계라는 것은 행동을 단계별로 재생하지 않아도 효율적으로 예측할 수 있는 계산상의 지름길이 있는 계라고 정의했다. 예를 들어 진자의 단순한 움직임은 모든 개별 진자의 진동을 시뮬레이션하는 대신 빠르게 수렴하는 수학 급수를 사용해 계산할 수 있는 코사인 함수로 설명할 수 있다. 그런 지름길은 예컨대 혼돈계에는 대체로 존재하지 않는다.

울프럼은 중요한 점 하나를 더 지적했다. 많은 계가 환원 불가하지만, 그중에서도 소수는 결정 불가능하다. 그것들은 괴델과 튜링의 정리에서 명시된 것처럼 공식에 따라 계산될 수 없는 속성을 지녔다. 그리고 이것이 '다른' 계 또는 복잡계의 개념이 좀 더 정확해지는 지점이다. 국소적, 즉 미시적으로 적용되는 법칙에 대해서는 잘 알려져 있지만 전체적으로는 결정 불가능한 속성을 가진 계를 말한다.

'결정 불가능성'의 첫 번째 예로 세포 자동자cellular automaton, CA를 생각해 보자. 세포 자동자란 격자로 된 칸(세포)을 말한다. 각각의 세포들은 유한개의 값(상태)을 가지고, 시간이 지나면서 이웃하는 세포들의 구성에 따라 진화한다. 이것이 미시적인 전이 규칙이다. '기초 규칙 110'으로 알려진 1차원 세포 자동자에서는 두 개의 상태('0' 또는 '1')가 허용되고, 한 세포는 자신과 오른쪽 이웃 세포의 상태가 0일 경우, 자신과 인접한 양쪽 이웃의 상태가 모두 1일 경우에 0으로 진화하며,

나머지 경우는 1로 진화한다. 이렇게 국소적으로 적용되는 지배 법칙은 완벽하게 결정됐다.

그러나 세포 자동자의 전체적인 역학은 다른 문제다. 각 열은 다른 시간 단계에 있는 격자를 나타내므로 계의 역학에 관한 전체적인 시공간 기록을 제공한다. 멀리 떨어진 세포들도 '입자'를 유지하기 위해 함께 행동한다. 여기서 입자란 움직이고 상호작용함으로써 계산되는 구조를 말한다. 게임의 규칙이 완벽하게 알려져 있음에도 불구하고 결과는 전체적으로 복잡하고 결정할 수 없이 동적이다.

규칙 110을 범용 컴퓨터에서 시뮬레이션할 수 있다는 것은 증명하기 쉽지 않다. 증명에는 대개 보편적 계산을 허용하는 소수의 논리 게이트와 정보 채널의 구축이 수반돼야 한다. 그리고 환원주의적이라고 주장할 수도 있다. 그러나 일단 이 요소들이 구성되면 특정 계가 결정 불가능한 속성을 가졌음을 보여주는 단계에서는 건설적 증명보다는 모순에 의한 증거가 개입된다. 이는 한층 높아진 추상화 단계다. 구와 동료들이 "거시적 질서를 이해하려면 추가적인 통찰이 필요하다고 본다"라고 썼을 때, 그들은 모순에 의한 증명처럼 단순한 환원주의를 초월하는 절차를 마음에 뒀을 것이다.

사실 구와 동료들은 이징 모형에 초점을 맞췄다. 이징 모형은 자기들끼리 그리고 외부 자기장과 상호작용하는 스핀으로 된 격자다. 개별 스핀의 상태는 기초적인 세포 자동자에서처럼 0 또는 1로 표시된다. 즉, 자기화 상태의 '위' 또는 '아래'에 상응한다. 큰 차이라면 역학적 규칙에 있다. 스핀은 이웃과 정렬하는 경향이 있다. 또한 계에 적용됐을 때는 외부 자기장과도 정렬한다. 반면 열적 변동은 이들의 상태를 거스르고 무작위화한다. 그러므로 이 계에서 미시적 전이 규칙은 확률적이다.

앞에서 말한 것처럼, 1차원을 넘어서는 이징 모형에서는 상전이가 나타난다. 온도가 아주 낮으면 정렬하려는 스핀의 경향이 요동치는 열적 변동을 극복하고 계는 질서를 유지한다. 무질서에서 질서로 가는 상전이의 예는 물리학과 수학에서 풍부하고 연구도 잘 이뤄져 있다.

구와 다른 이들은 이징 모형에서 특정 세포 자동자가 가장 낮은 상태, 즉 바닥 상태로 가는 과정을 보여줬다. 이들은 스핀을 그룹화하고, 상응하는 세포 자동자 안에서 범용 연산을 수행하는 데 필요한 논리 연산을 인코딩하는 블록으로 만들었다. 그런 다음, 두 가지 상태의 계의 '번성prosperity', 즉 p를

'임의의 시간 단계에서 임의로 선택한 세포가 살아 있을 확률'로 정의했다. 이때 살아 있다는 것은 상태 1을 뜻한다.

세포 자동자의 계산적 속성을 사용해 구와 동료들은 p값은 무한하고 주기적인 이징 계 안에서 결정될 수 없다는 것을 보여줄 수 있었다. 결과적으로 그들은 절대 0도에서 계의 자기화와 퇴화(독립적인 구성의 수)를 포함해 이징 계의 많은 거시적 성질이 p값에 달려 있으므로 결정할 수 없다고 주장했다. 이징 모형은 자기적 물질뿐만 아니라 신경 활성, 단백질 접힘, 조류의 무리 짓기 등을 기술하는 데에도 사용되기 때문에 구와 동료들의 결과는 컴퓨터과학과 물리학을 모두 초월한다.

안타깝게도 그들의 결과는 무한 격자에만 적용되므로 사용하는 데 제한이 있다. 실생활에서 마주치는 유한한 튜링 계는 언제나 결정 가능하다. 그러나 결국엔 유한한 물체에도 결정할 수 없는 속성이 있음을 암시하는 예가 있다. 그중 하나는 정사각형을 자기 자신에게 매핑mapping하는 것이다. 그것은 결정할 수 없는 것으로 나타났다. 예를 들어 매핑 과정은 컴퓨터 연산을 허용하는 방식, 즉 정사각형을 절단해 자리를 이동하는 것 같은 방식으로 각 부분을 재배열한다. 그리고 무한개의 자릿수가 필요한 실수를 이용해 무한개의 컴퓨터를 유한개의 지역에 채운다. 두 번째 예는 튜링의 범용 컴퓨터보다 더 강력한 새로운 차원의 계산에서 찾을 수 있다. 이 계산은 자연의 물리 현상을 시뮬레이션하기에 적합한 것으로 제안됐다. 나는 구를 만나기 위해 카페에서 나와 돌아다니면서 그의 연구가 두 가지 예와 함께 우리가 사용하는 '컴퓨터'를 더 잘 이해하게 만들지 궁금했다.

이런 방식의 추론은 화학계가 본질적으로 물리계보다 더 복잡하며, 그 속성의 일부는 이론적으로조차 양자물리학 법칙으로는 설명할 수 없다고 암시한다. 심지어 여러 작은 하위계들이 상호작용하면서 특정 수준의 복잡도를 넘어서는 새로운 속성을 갖고 있다.

그렇다고 화학적 특성을 물리학의 언어로 표현할 수 없다는 뜻은 아니다. 그것은 항상 가능했고 실제로 우리가 앞에서 문제를 기술할 때 표현했던 것들이다. 그러나 원론적으로는 이론들 사이에 다리를 놓을 수 없는 내재된 간극이 있을 수 있다.

이러한 간극은 양자 컴퓨터로도 메꿀 수 없다. 양자 컴퓨터가 고전 컴퓨터보다 화학적 시뮬레이션을 훨씬 빠르게 수행할 수 있으므로 더 작게 만들어질 수 있다고 해도 말이다. 그러나 우리가 아는 한 홀팅 문제는 여전히 남아 있을 것이다. 애초에 계산이 불가능한 것은 양자 컴퓨터로도 계산할 수 없을 테니까.

"신은 우주와 주사위를 굴리지 않는다"라는 아인슈타인의 유명한 말은 양자 이론이 현실의 궁극적 기술記述이라는 주장에 대한 회의적 시선을 드러낸다. 그의 견해는 현실주의자에게는 상식이다. 모든 사물, 모든 상태, 모든 정보가 다 확실한 상태로 존재해야 한다. 그러나 양자역학에서는 반대로 예측한다. 사물이 '양자 중첩' 상태에 있을 수 있다고 말한다. 고양이는 죽었지만 살아 있을 수도 있다는 말이다.

100년 동안 양자물리학을 검증하는 실험이 계속되고 있지만 아인슈타인의 말이 우리의 뇌리에서 떠나질 않고 있다. 우리가 관찰하는 모든 정보, 우리가 수행하는 모든 실험은 전부 고전물리학의 정보로 설명될 수 있다. 우리는 모든 실험과 그 결과를 몇 장의 종이로 써낼 수 있고 또 그렇게 한다. 그렇다면 왜 자연이 궁극적으로 양자역학적이란 말인가?

이 퍼즐에 대한 실마리는 가능성이 가장 희박한 곳에서 나올 수 있다. 신도시 설계, 경제 이해, 유행병 추적, 인간 사회의 역학 관계처럼 현실적 우려와 연결된 곳 말이다. 이 주제들은 서로, 더군다나 양자 이론과는 관계가 없어 보이므로 놀랍다. 그러나 이들 분야에 있는 전문가들이 중국 톈진시의 세계 경제 포럼에 "세계의 상태를 개선한다"는 약속과 함께 모였을 때, 그들 사이에는 훨씬 공통점이 많다는 사실이 알려졌다. 이 책의 후반부에서 우리는 자연과학에서 사회과학으로 옮겨가면서 이 부분을 좀 더 심도 있게 파헤칠 것이다. 그 도약이 여러분의 생각보다 크지 않을 수도 있겠지만.

베이징은 마이크로에서 매크로의 간극을 확인하고 이 간극이 과연 좁혀질지를 숙고하기에 완벽한 장소였다. 나는 지금 룩셈부르크보다 작은 땅에 대부분의 유럽 국가 도시보다 많은 3,000만 명의 인구가 살고 있는 도시를 말하고 있다. 몬테네그로는 인구가 베이징보다 60배 더 적지만 면적은 100배나 더 넓다.

나는 과연 미래에 베이징에서 여성의 인구 비율이 남성을 넘어서는 날이 올지 궁금하다. 남성 인구 과잉은 오늘날 중국이 당면한 가장 큰 문제 중 하나다. 장래가 밝지 않은 젊은 남성 인구의 과잉이 사회 불안을 야기하는 최고의 레시피라는 것은 이미 다양한 분석을 통해 확인됐다. 중국 정부 그리고 다른 정부들은 이 점을 염려한다.

좋다. 너무 복잡한 문제 같으니 일단 접어두자. 나는 지금 버니드롭 카페에 앉아 정신없이 바쁜 거리를 바라보고 있다. 오토바이, 자전거, 자동차, 버스, 보행자들이 서로 연결된 바쁜 경로를 두고 씨름 중이다. 잠깐만 지켜봐도 건너편 도로의 보행자 수가 이쪽보다 많아 보인다.

여기서 질문. 언젠가의 미래에 이쪽의 보행자 수가 더 많아질까?

이것은 간단한 질문이다. 그러나 이런 종류의 모든 질문들, 심지어 간단해 보이는 것조차 컴퓨터 시뮬레이션으로 답하려고 했을 때 실제로는 홀팅 문제처럼 결정할 수 없다면 어떨까?

베이징과 중국에서 어디를 보든지 모두의 상상 속에서 부풀어 오르는 마이크로-매크로 사이의 문제가 있다.

양자적 단순성의 세계에서는 복잡성을 더 잘 이해하기 위해 양자 이론을 사용한다. 또한 우리는 양자 이론 그 자체에 대한 보기 드문 통찰의 창을 열게 될지도 모른다. 만약 하나의 과정을 컴퓨터로 시뮬레이션하고자 한다면 최적의 예측을 위해 필요한 모든 정보를 컴퓨터 안에 저장해야 한다. 더 적은 정보를 입력하고도 예측력을 떨어뜨리지 않는 양자 컴퓨터의 능력은 시뮬레이션을 더 간단하게 만들고 궁극적으로 현실 전체를 더 단순하게 바라보게 만든다.

단순성이 가지는 호소력은 인간사에서 오랫동안 보편에 가까운 미학이었다. 실제로 뉴턴은 "자연 사물에 대해서 그 현상을 설명할 진짜 원인이 있다면 그 이외의 원인은 도입하지 않는다"라고 말했다. 뉴턴의 말은 처음부터 과학 발전을 이끌어 온 성명서와도 같다. 그럼 아인슈타인의 질문에 대한 답으로서, 신 역시 단순함에 대한 우리의 끌림을 공유하기 때문에 주사위를 던진다고 말해도 될까?

+ 3장 +

생물학

BIOLOGY

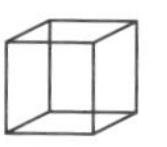

작고한 친구 피터 랜즈버그Peter Landsberg를 추모하는 강연 자리에서 난 살면서 가장 흥미로운 질문을 들었다. 나는 박사과정 시절 노팅엄에서 열린 한 학회에서 처음 랜즈버그를 만났다. 우리 둘 다 세미나를 했는데, 그의 발표 스타일은 아무도 흉내 낼 수 없을 만큼 독보적이었다. 그의 유머 감각과 재치는 지루한 발표들 속에서 신선한 청량제 같았다.

랜즈버그를 기리는 강연에서 나는 그가 물리학자 유진 위그너Eugene Wigner와 서신을 주고받으며 양자물리학 및 생명의 기원에 대해 나눈 아주 흥미롭고 도발적인 내용에 관해 많이 이야기했다. 위그너는 양자물리학으로는 생명의 기원을 설명할 수 없다고 주장하는 논문을 써서 논란이 된 적이 있다. 더 정확히 표현하자면 그는 양자물리학이 지구의 초기 환경에서 생명을 닮은 그 어떤 것을 만들었을 가능성은 극도로 희박하다고 말했다. 많은 창조론자가 진화로는 생명을 설명할 수 없다고 주장할 때 여전히 이 논문을 인용한다. 랜즈버그는 과학저널 〈네이처〉에 위그너의 주장이 틀렸다는 것을 증명하는 반박 글을 게재했다.

어쨌거나 위그너는 노벨상 수상자였으므로 랜즈버그의 글은 다소 큰 문제를 일으켰다. 전문가란 자기 분야에서 일어날 수 있는 모든 실수를 저지른 사람이라는 보어의 의견에도 불구하고 노벨상 수상자가 오류를 저지르고 그것이 밝혀지는 사건은 자주 있는 일이 아니다. 랜즈버그는 노벨상 수상자들을 반박하는 상당한 재주를 가졌다. 심지어 그는 예전에 화학의 기초인 파울리의 배타 원리를 주창한 볼프강 파울리Wolfgang Pauli의 논문에도 의문을 제기한 적이 있다.

내가 강연을 하고 있는데 청중 하나가 나에게 질문을 했다. "왜 물리학자들은 생물학자들보다 신이라는 개념에 적대적이지 않은 겁니까?" 질문자는 정확히 진화의 양자적 토대에 대한 내 주장에 문제를 제기했다. 다들 질문자가 어떤 생물학자를 말하는 건지 알았다. 우리 시대의 가장 저명한 생물학자 중 한 사람이자 다소 강경한 반종교적 견해로도 유명한 리처드 도킨스Richard Dawkins다. 《만들어진 신*The God Delusion*》이라는 베스트셀러의 제목은 그의 신념을 간결하게 요약해 준다. 도킨스에 필적하는 반종교적 물리학자는 없다. 실제로 물리학자 대부분이 신을 믿지 않지만, 스티븐 호킹의 '신의 마음'처럼 종종 신을 우주의 은유로 사용한다.

이 질문은 내 머릿속에 계속 남아 있었을 뿐만 아니라 그 덕분에 강연을 유머러스하게 마무리할 수 있었다. "그건 물리학자들이 생물학자보다 신에게 좀 더 가깝기 때문이죠." 내 대답에 모두가 웃었다. 양자물리학 강의에서 웃음이 나오기란 결코 쉽지 않다. 나는 특히나 당시의 강연을 가벼운 어조로 끝낼 수 있었던 데 감사했다.

하지만 지금부터 나는 그 농담을 본격적으로 파헤쳐 분위기를 반전시켜 볼까 한다. 루마니아계 미국인 만화가 솔 스타인버그Saul Steinberg가 "유머를 정의하려는 시도가 유머의 정의 중 하나다"라고 말한 것처럼 말이다. 왜 물리학자들이 신에 더 가까운 것일까?

다윈 그리고 앨프레드 러셀 윌리스Alfred Russell Wallace 이전에 생물학은 분류학이었다. 16세기의 스웨덴 식물학자이자 의사이자 동물학자였던 칼 린네Carl Linnaeus는 동물을 각기 다른 특징에 따라 분류했다. 우리가 오늘날에도 사용하는 분류 체계다. 그러나 린네는 서로 다른 종이 생겨난 방식과 이유는 알지 못했다. 종의 복잡성에 엄청난 변이가 있는 것은 분명했지만 아마 린네는 한 종의 복잡성과 그 종이 나타난 시기 사이에는 아무 상관관계가 없다고 생각했을 것이다.

생물학과 화학에 여전히 분류학을 닮은 구석이 있다는 사실 때문에 물리학자 어니스트 러더퍼드Ernest Rutherford는 "과학은 물리학, 아니면 우표 수집이다"라고 말했다. 이후 1908년에 노벨화학상을 수상하면서 그 말을 후회했겠지만. 내가 물리학자는 신 또는 자연 또는 근원, 아니면 대체할 수 있는 그 무엇과 더 가깝다고 말했을 때의 의미가 이것이다. 물리학이 우리에게 제공하는 설명은 여타 과학의 설명보다 강력하고 상세하다.

다윈의 중대한 공헌은 생물학을 통일하고 진화의 논리를 제공함으로써 생물학을 단순한 분류학과는 다른 학문으로 만들었다는 점이다. 진화의 논리는 간단한 생물에서 복잡한 생물이 자연적으로 발생하는 이유를 설명했다. 다윈 이후 모든 생물은 연속된 생명의 흐름 속 일부로 여겨졌다. 린네의 분류학에 존재했던 간극은 이렇게 좁혀졌다. 내가 여기서 다윈의 이름을 거론한 것은 자연선택을 공식적으로 맨 처음 설명한 사람이 그이기 때문이다. 과학의 역사에는 그냥 지나치면 안 될 이름들이 많다. 그중에서도 앨프레드 러셀 월리스는 결코 간과해서는 안 될 인물이다.

내가 여기서 진화론의 공동 주창자이자 자연 보전 개척자인 월리스를 언급하는 이유는, 그가 이제는 인정받을 때가 됐기 때문이다. 지금도 그의 존재감이 강하게 느껴지는 싱가포르에서는 특히 더 그렇다. 오늘 나는 부킷 티마에 있는 월리스 교육 센터에 방문했다. 센터의 절반은 월리스 환경 학습 연구소가, 나머지는 그가 한때 수많은 동식물을 채집했던 숲속의 '월리스 트레일'이 차지하고 있다. 과거 다윈과 월리스는 한날 동시에 진화론을 발표했지만 원로 과학자들은 다윈의 《종의 기원》에 주목했다. 월리스는 수천 종의 새와 곤충을 수집한 싱가포르를 중심으로 한 동남아시아 여행에서 진화론을 개척하는 데 중요한 발견을 했다.

다윈과 월리스의 발견은 분명 당시 생물학자들이 직면했던 커다란 간극의 일부를 소멸시켰다. 그러나 진화론은 다른 간극을 매우 뚜렷하게 벌려놓았다. 허튼의 저녁 만찬에서 머리가 반질반질하게 빛나던 생물학자가 내게 말한 것처럼 생물학의 가장 큰 질문은 "어쩌다 생명이 있는 물질이 생명을 가지게 됐는가"이다. 이것은 물리학과 화학의 대상인 무생물과 생물학의 대상인 생물체 사이의 간극이다. 어떻게 생명이 없는 물질에서 생명이 있는 물질이 나왔을까? 어떻게 생명이 없는 우주에서 생명이 기원했을까?

다윈과 월리스는 무작위적으로 발생한 돌연변이와 이후 환경의 선택에 의해 단순한 생물에서 복잡한 생물이 발생하는 과정을 설명했다. 그러나 두 사람 모두 최초의 생명, 즉 가장 간단한 형태의 생명이 기원한 과정은 설명하지 못했다.

다윈은 단순한 생명체가 이미 존재하는 상태에서는 진화의 힘이 얼마든지 나머지를 만들어낼 수 있다고 주장했다. 또한 살아 있는 유기체의 복제 과정에서 실수가 일어나는 바람에 이전 세대와는 다른 세대가 만들어진다고 주장했다. 이때 새로운 세대가 가진 특징은 환경에 더 적합할 수도, 덜 적합할 수도 있다. 적합하지 않은 특징은 환경에 의해 제거되고 환경에 더 잘 적응한 특징은 살아남을 것이다. 그 특징은 대체로 약간의 돌연변이와 함께 다음 세대에 각인되고 그렇게 이야기는 계속된다. '잘못된 실수'는 제거되고 올바른 실수는 새로운 유전 구성의 특징이 된다. 물론 필립 라킨Philip Larkin이 "이것이 바로 시This Be The Verse"라는 시에서 훌륭하게 설명한 것처럼 인간의 경우는 별개다. 그러나 일반적으로 종이 진화할 때는 적응력이 더 뛰어난 개체를 만들어낸다. 다시 말해 다윈은 주변 동물들을 되는 대로 구분하는 것에 불과했을 생물학에 전체를 아우르는 단순한 이야기를 제공했다.

진화론으로 인해 우리는 생명을 가장 단순한 것에서 가장 복잡한 생물까지 이어지는 흐름으로 보게 됐다. 지금이야 자연스럽고 당연하게 받아들이지만 이러한 관점이 실제로 얼마나 최근에 나타난 것인지 알아둘 필요가 있다. 로마 시인 베르길리우스Virgilius는 꿀벌이 황소의 사체에서 나온다고 믿었다. 즉, 옛날 사람들은 무생물에서 생명이 창조되는 것을 당연하게 여겼다. 18세기 후반까지도 사람들은 구더기가 썩은 고기에서 자연적으로 발생한다고 생각했다. 그러다가 프랑스 화학자 루이 파스퇴르Louis Pasteur가 무생물에서 생명이 나오는 것은 불가능함을 입증했다. 생명은 언제나 기존의 생명에서 나온다.

간접적이긴 하지만 진화의 논리로 해결된 또 다른 문제가 있다. 생물학적 복제, 즉 번식의 문제다. 진화의 논리 덕분에 우리는 한 생명체의 생물학적 정보가 디옥시리보핵산, 즉 DNA라는 산성 분자에 저장됐음을 알게 됐다. 생명체가 복제할 때에는 제일 먼저 DNA를 복사한다. 이것이 새로운 생명체의 설계도가 된다. 궁극적으로 정보에 기반하는 이 논리는 앞선 철학자들을 괴롭혔던 무한 퇴보를 모면하게 해준다.

복제와 연관해 진화론으로 해결된 두 가지 문제가 있다. 첫 번째는 존 폰 노이만John von Neumann의 말에서 찾을 수 있다. "어느 작은 로봇에게 다른 로봇을 만들 능력이 있다면 새로 만든 로봇은 복잡도가 감소해야 한다. 다시 말해 A가 B를 만들 수 있다면 A는 어떤 식으로든 B에 관한 완전한 설명서를 지니고 있어야 한다. 그런 의미에서 퇴화되는 경향성을 기대할 수 있고, 한 로봇이 다른 로봇을 만들 때 복잡성은 줄어들 것이다." 이는 일상의 경험과는 완전히 모순되는 매우 불리한 반대 주장이다. 생명은 덜 복잡한 생명으로 단순화되는 대신 점점 더 복잡해지는 것처럼 보이기 때문이다.

자기 복제에 대한 두 번째 반론은 첫 번째 것과 관계가 있다. 단, 이제는 경험적으로는 물론이고 논리적으로도 모순이 있다고 밝혀진 점을 제외한다면 말이다. 만약 A가 또 다른 기계인 B를 만들어야 한다면 B는 어떤 식으로든 처음부터 A 안에 포함돼야 한다. 그런데 이번에는 B가 C를 복제하길 원한다고 상상해 보자. 같은 논리로 보면 C는 B에 포함돼야 하는데, 그렇다면 B가 A에 포함되므로 C 또한 A에 포함돼야 한다. 아직도 감이 안 오는가? 그러니까 만약 어떤 개체가 수백 세대를 거쳐 지속되려면 그중 가장 첫 번째 것은 앞으로 복제될 모든 것들을 전부 저장하고 있어야 한다는 뜻이다. 만약 이것을 일반화시켜 무한개의 복제품이 있다고 가정하면 A는 무한한 양의 정보를 저장해야 하므로 분명히 자원 제공의 불가능성이 문제가 된다. 무한의 문제가 다시 한번 유혹적인 자세로 고개를 드는 순간이다.

월리스 트레일을 걸으며 나는 월리스와 다윈이 생물학의 큰 간극을 메우긴 했지만 동시에 몇 개의 다른 간극을 열었다는 사실을 분명히 깨달았다. 과학이 발전하는 과정에서는 늘 일어나는 일이다. 하나의 미스터리를 해결했다고 생각한 순간, 어김없이 여러 개의 새로운 미스터리가 모습을 드러낸다.

무엇보다 다윈은 멘델레예프와 달리 어떻게 기존의 종들

이 존재하는지를 설명하지 않았다. 물론 굉장히 어려운 작업이다. 심지어 지구 역사 전반에 걸친 환경에 관해 정확하고 자세히 알고 있어야 한다. 그러나 우리는 여전히 지구의 역사 속에서 일어났을지도 모르는 큰 사건들의 진위를 따지는 중이므로 지구 환경의 역사 전체를 이해하기까지는 아직 멀었다. 혜성이 지구와 충돌했을까? 그것으로 공룡의 죽음을 설명할 수 있을까? 아니면 또 다른 것이 있을까? 여전히 채워야 할 공백은 많다. 물론 나는 시간문제라고 생각한다.

만약 다윈이 동물의 주기율표를 작성했다면 멘델레예프의 최초의 주기율표에 포함되지 않았던 여섯 개의 원소처럼 아직 발견되지 않았거나 또는 아직 진화하지 않은 동물 종을 예측했을 것이다. 상상해 보라! 하지만 예측은 불가능하다. 아직까지는 현재의 생물학 지식으로는 예상하지 못하는 새로운 종들이 해마다 수백 수천 종씩 발견되는 현실에 놀랄 따름이다.

따라서 미래를 예측하는 것이 생물학의 첫 번째 간극이다. 생물학은 이런 맥락의 질문들에 대답하기 어렵다. 지구, 나머지 태양계 그리고 그 이상에 대한 상세하고도 방대한 역학 정보가 필요한 것은 물론이고, 생명 과정은 수많은 돌발 상황에 의해 좌우되기 때문이다. 이것을 '예측의 문제'라고 부르기로 한다.

물리학 이론들은 수학 공식으로 정확하게 표현된다. 물리계를 예측하고자 한다면 매우 훌륭할 만큼 정확한 결과를 얻을 수 있다. 예를 들어 물리학에서는 화성이 1만 년 후에 어디에 있을지에 대한 답을 보여줄 수 있다. 물리 법칙은 아주 정확하므로 그 답의 정확도 역시 대단히 높다.

행성은 물리 법칙, 즉 뉴턴의 중력에 의해 발견됐다. 천문학자 위르뱅 베리에Urbain Le Verrier는 천왕성 주위에서 일어나는 운동을 관찰하고서 중력에 영향을 미치는 다른 물체가 근처에 있다는 결론을 내렸다. 그리고 미지의 행성의 존재와 정확한 위치를 수학적으로 예측했다. 그는 천체관측소에 있는 친구를 찾아가 망원경을 어디에 맞춰야 하는지 정확히 요청했다. 그렇게 1846년 9월 24일, 베리에는 자신이 예측한 것을 발견했다. 바로 해왕성이다. 베리에의 해왕성 발견은 천체물리학사에 기념비적 사건임은 물론이고 19세기 뉴턴 물리학을 검증한 감동적인 사건이었다.

이와 비슷한 질문으로 지구상의 한 종, 예를 들어 인간이 1만 년의 진화 후 어떻게 되겠냐고 묻는다면 생물학에서는 뭐라고 답할까? 전혀 간단하지 않다네, 친애하는 왓슨!• 게다가 이 질문을 수치로 나타낼 방법의 단서를 찾은 사람은 없는 듯하다. 생물학적 진화의 법칙에 적용할 수학 등식은 없다. 생물학은 등식을 쓰고 개별 사례에 대한 해결책을 계산하고 실험을 하고 결과를 비교하는 물리학의 패러다임을 따라갈 수 없다.

이러한 상황을 더 나쁘게 표현할 수도 있다. 만약 튜링의 범용 컴퓨터 논리를 사용해 생물의 진화를 컴퓨터상에서 시뮬레이션한다면 화학에서와 마찬가지로 어떤 질문은 결정할 수 없다고 주장할 수 있다. 물론 보편적인 튜링 기계상에서 시뮬레이션을 한다고 가정했을 때의 일이다.

그런데 흥미롭게도 실제로 그러한 시뮬레이션이 존재한다. 1970년에 프린스턴대학교의 영국 수학자 존 콘웨이John Conway가 '생명의 게임Game of Life'이라고 부르는 생물 진화의 컴퓨터 시뮬레이션을 발명했다. 그는 체스판처럼 생긴 2차원 정사각형 격자를 구상했다. 단, 크기에는 제한이 없다. 정사각형 격자들 중 켜진 것은 살아 있다는 뜻, 꺼진 것은 죽었

• 셜록 홈스의 유명한 대사, "아주 간단하네, 친애하는 왓슨"을 패러디한 문구.

다는 뜻이다. 이 계에서 진화의 규칙은 간단하다.

① 살아 있는 이웃이 두 개 미만인 살아 있는 세포는 개체수 부족으로 인한 외로움 때문에 죽는다.
② 살아 있는 이웃이 두세 개인 살아 있는 세포는 살아서 다음 세대로 간다.
③ 살아 있는 이웃이 세 개를 초과하는 살아 있는 세포는 개체수 과잉으로 인한 우울함 때문에 죽는다.
④ 살아 있는 이웃이 정확히 세 개인 죽은 세포는 일종의 번식을 모방해서 되살아난다.

생명의 게임은 시간이 지나면서 변화하고 다른 패턴과 교류하고 또 소멸하는 복잡한 패턴이 만들어진다는 점에서 놀랍도록 정교하다. 다시 말해 진짜 생명계처럼 살아서 환경을 탐험하고 수를 불리고 결국엔 죽는다. 생명이 있고 없는 정사각형들로 이뤄진 최초 구성 대부분은 실제로 모든 정사각형의 죽음으로 끝난다. 최초의 구성으로는 살아 있는 어떤 것도 창조되지 않는다. 하지만 드물게 영구적인 패턴을 생성하는 구성도 있다. 그런 경우 세포들은 지속할 뿐 아니라 증식하고 복제본을 만들어 복잡성으로 꽉 찬 미래로 향하는 복잡한 상호작용의 패턴이 된다.

콘웨이의 생명 시스템이 놀라운 것은 바로 예측할 수 없다는 점이다. 사실 이러한 체계는 범용 컴퓨터나 다름없다. 노트북, 데스크톱, 아이패드 등과 같은 여타 컴퓨터가 할 수 있는 작업이면 무엇이든 해낼 수 있다. 기계치고는 훌륭하지만 자체적인 한계는 있다. 특정 시점에 어떤 흥미로운 일이 벌어져 지속되더라도 격자의 초기 구성 상태를 예측할 방법이 없다는 것이다.

만약 정말 '만에 하나' 실제로 생물학적 진화가 생명의 게임과 같은 식으로 진행된다면 설사 그 역학을 수학적으로 완벽히 이해한다고 해도 특정 종의 출현과 멸종 그리고 그 시기는 절대로 예측할 수 없다. 앞 장에서 언급한 내 동료 밀레구라면 이러한 결론에도 결코 놀라지 않을 것이다. 그는 홀팅 문제를 풀 때와 마찬가지로 화학에는 예측할 수 없는 것들이 있다는 사실을 보여줬다. 따라서 복잡도가 증가하는 생물학에서도 같은 결과를 기대하는 게 당연하다.

방금 말한 '만에 하나'는 두 가지를 지칭한다. 첫째, 생명의 게임이 진화를 제대로 모방했는지 확실치 않다. 바꿔 말하면 진화의 시작점에 어떤 조건이 추가되는지 알지 못한다는 점이다. 예컨대 우리는 살아 있다는 게 무슨 의미인지조차 엄격하게 정의하지 못한다. 둘째, 어쩌면 진화는 실제로 미래에 대한 어떤 결론을 끌어내기 더 쉬운 상태에서 시작했을지도 모른다. 사실은 뉴턴의 물리 법칙처럼 완벽하게 결정론적이지만 생물학적 미래를 예측하는 방법을 알아내지 못한 건지도 모른다. 그저 우리가 아직 알지 못하는 것뿐이란 말이다.

그러나 실제로 생물학은 생명의 게임에 내재된 복잡성을 중단시키지 않고서도 나아질 수 있다. 개인적으로 열여덟 살 때 우연히 읽은 리처드 도킨스의 《이기적 유전자》에서 환원주의가 생물학에 얼마나 적용될 수 있는지를 처음 목격했다. 도킨스의 책은 즉각 세계적인 베스트셀러가 될 만했다. 이 책은 다윈 이론을 아주 명료하게 업데이트한 버전이다. 그뿐만 아니라 나는 도킨스만큼 진화론을 수리화하고 그것에 기반해 설명과 예측을 시도한 사람을 보지 못했다.

그것이 핵심이다. 우리는 진화론이 참된 과학 이론이 되려면 오류 가능성이 있어야 한다는 걸 안다. 이론에 그치더라도 다윈이 틀렸다고 증명할 실험이 있어야 한다. 영국의 과학자 홀데인J.B.S. Haldane은 진화를 반박할 증거가 무엇이냐는 질문에 "선캄브리아기 지층의 토끼 화석"이라는 유명한 대답을 했다. 지구에 존재하는 화석의 시간과 공간상 분포도는 무작위적 돌연변이와 자연선택이라는 진화 과정에 의해 점차 증가하는 복잡도를 반영한다. 어떤 짓궂은 사람이 의도적으로 파묻지 않는 이상 유인원의 화석이 공룡의 화석보다 더 깊은 지층에서 발견되는 일은 있어선 안 된다. 그러나 생물학의 조작은 여전히 과거로부터 올 수 있다는 점에 주목하자. 오류의 입증은 예측이 아니라 철학자들이 후측retrodiction• 또는 소급 예측이라고 부르는 것이다. 물론 미래에 선캄브리아 지층에서 토끼의 화석을 발견하는 사람은 없을 것이라고 예측함으로써 과거에 대한 후측을 예측으로 만들 수는 있겠지만!

도킨스는 생물학 세계의 모든 것을 아주 단순한 단위로 설명함으로써 생물학이 어디까지 단순해질 수 있는지를 논의했다. 그는 유전자라는 매우 다른 관점으로 바라봤다. 그가 진화를 설명하는 데 유전자를 끌어들일 수 있었던 것은 다윈과 월리스가 진화론을 주창하고도 1세기가 지난 시점이었기

• 현재의 정보와 법칙으로 과거를 예측하는 행위.

때문이다.

생물학을 수학으로 설명하는 것을 보면서 나는 궁극적으로 물리학적 방법론을 적용해 생물학을 환원할 가능성을 엿봤다. 일단 생명 작용이 유전학으로 환원되면 유전학에서 다루는 유전자와 분자가 곧 화학의 대상이며 더 나아가 그 자체로 양자물리학의 근간이 된다는 사실을 잘 알기 때문이다. 어떤 면에서 우리에겐 아름다운 설명으로 쌓아 올린 피라미드가 있다. 양자물리학에서 시작해 양자물리학에 기반해 기본적인 화학 법칙을 설명하고 다시 화학으로 유전학을 설명하고 또 유전학으로 한층 더 복잡한 유기체를 설명하는 것이다. 어찌 됐든 이러한 과학적 논리는 전체적으로 잘 들어맞을 뿐만 아니라 아름답기까지 하다.

생물학 중에 말 그대로 물리학에 불과한 부분은 얼마나 될까? 생물학에서 복잡해 보이는 어떤 현상이 실제로는 단지 단순한 화학 그리고 궁극적으로는 더 단순한 양자물리학의 결과물일 수 있을까?

진화는 일반적으로 이해되듯 두 가지 원리에 기초한다. 우선 생식세포에 무작위적 돌연변이가 발생해 다음 세대에 변화를 일으킨다. 이후 환경에 의한 자연선택이라는 과정을 통해 도태된다. 도태된다는 것은 간단히 말해 개체가 자손을 번식하기 전에 죽는다는 의미다. 무작위적 돌연변이와 자연선택이라는 두 과정 모두 아주 단순해 보이지만, 자세히 살펴보면 많은 문제를 야기한다.

'무작위적'이라는 표현부터 살펴보자. 생물학자가 말하는 무작위성은 물리학자가 생각하는 무작위성과 같지 않다. 양자물리학에서 무작위성은 어떤 일이 발생하는 기저의 원인이 없다는 의미다. 반면 생물학에서 무작위성은 돌연변이가 앞을 내다보고 발생하는 사건은 아니라는 의미다. 즉, 의도적으로 뭔가를 염두에 두고 조작하거나 미래의 기능을 위해 설계되지 않았다는 말이다. 인류 조상의 두개골에서 위쪽이 말랑해지는 돌연변이가 일어났을 때 뇌를 보호하는 기능이 있는 두개골에서는 돌연변이를 해로운 형질로 받아들였다. 그러나 동시에 부드러운 두개골은 뇌가 커지는 역할을 하므로 장기적 측면에서 인류의 진화에 긍정적인 영향을 가져왔다. 이 결과가 궁극적으로 우리에게 긍정적일지 아닐지는 정말 알 수 없다. 인간의 뇌가 커지면서 인간이 무기를 더 잘 만들게 됐고 결과적으로 우리를 멸종시킬지도 모르니까 말이다! 그러나 어쨌든 돌연변이는 선견지명이 없다는 내 취지는 잘 설명됐으리라고 본다.

한편으로 돌연변이는 물리학적 무작위성과는 거리가 먼 현상이기도 하다. 돌연변이는 화학 법칙에, 궁극적으로는 물리 법칙에 따라 제한적으로 일어난다. 유전자가 변형되는 과정은 한 번에 작게 조금씩 진행된다. 몇 개의 양성자가 자리를 바꾸고, 그러면서 다른 종류의 정보가 복제되고 한 DNA 분자가 원래 정해진 것과는 다른 분자와 짝을 짓게 된다. 그러나 수십억 년 동안 진화된 구조로 인해 자연선택은 한정적이고 제한적으로 일어난다.

게다가 유전자가 운반하는 정보는 최종적으로 개인의 표현형, 예를 들면 개체의 형태와 기능으로까지 전달돼야 한다. 유전자는 팔과 다리의 성장을 제어할지 모르지만, 성장 자체는 생물학이 아닌 물리 법칙에 의해서도 제한된다. 또한 형태와 기능은 환경의 작용으로 달라지지만 그 과정이 일방적으로 진행되진 않는다. 개체도 환경을 바꾼다. 그리고 그 환경이 다시 개체를 바꾸고 계속 그렇게 번갈아 작용한다.

스코틀랜드 생물학자이자 수학자, 고전주의자인 다시 웬트워스 톰슨D'Arcy Wentworth Thompson은 생물학에서 물리학의 역할을 처음으로 아름답게 탐색하고 제시한 사람이다. 그가 너무나 박식해 대학에서 면접을 본 후 세 학과에서 모두 교수 자리를 제안받았다는 이야기도 전해진다. 가히 르네상스적이라 할 만한 사람이다.

1917년 웬트워스 톰슨은 〈생장과 형태에 관하여*On Growth and Form*〉라는 논문에서 생물학자들이 물리학의 역할을 무시한다고 주장했다. 그에 따르면 물리학은 변경의 여지가 없을 정도로 생물학적 형태를 강력하게 제한한다. 웬트워스 톰슨이 언급한 내용 중에서 내가 가장 좋아하는 예를 몇 가지 들어보겠다. 이 예들은 유전자가 원하는 대로 할 수 있는 게 없다는 사실을 보여준다.

왜 세상에서 가장 큰 육지 동물은 코끼리고 가장 큰 바다 동물은 고래일까? 이 동물들의 신체가 가진 전반적인 특징이 우연일까? 그리고 왜 둘 다 포유류, 즉 온혈동물일까? 누군가는 성의 없이 유전자가 그랬다고 쉽게 대답해 버릴지도 모르겠다. 그러나 우리에겐 더 나은 답이 있다.

사실 코끼리와 고래의 예와 관련된 특징을 최초로 설명한 사람은 물리학자 갈릴레오 갈릴레이였다. 사실 그때까지만 해도 생물학은 존재하지도 않았다. 정답은 중력이다. 유전자는 아무것도 제 마음대로 할 수 없다. 예컨대 유전자는 키가

100미터 넘는 동물을 만들 수 없다. 간단한 설명으로 이유를 알 수 있다. 동물의 몸집이 커지면 몸무게는 단위 길이의 세제곱에 비례해 커지지만, 다시 말해 부피에 비례하지만 다리의 면적, 즉 힘은 단위 길이의 제곱에 비례하기 때문이다. 그 결과 동물의 몸을 지탱하는 부위에 엄청난 압력을 가한다.

동물이 사방으로 두 배 커지면 중력은 여덟 배 증가하고 뼈에 가하는 압력도 마찬가지로 증가한다. 이러한 규모의 효과가 중력의 영향 아래에 있는 모든 생명이 위쪽으로 성장하려는 크기의 한계를 설정한다. 그렇지 않으면 대형 동물의 다리는 결국 제 무게를 이기지 못하고 부러질 것이다. 코끼리 그리고 코뿔소나 하마의 다리가 두꺼운 이유가 바로 이것이다.

한편 고래는 물속에 산다. 물속에서는 중력이 상대적으로 덜 작용한다. 몸이 좀 더 커지는 것을 감당할 수 있다는 말이다. 게다가 몸의 형태가 좀 더 공기역학적 또는 유체역학적으로 자란다. 또한 포유류인 고래는 수시로 차가워지는 심해의 물속에서 체온을 유지해야 하므로 근육, 곧 체중이 많이 필요하다. 몸의 열은 표면에서 길이의 제곱에 비례해 빠져나가기 때문에 실제로 고래는 체중이 단위 길이의 세제곱으로 빠르게 증가할 때 열을 덜 빼앗기는 혜택을 본다.

쥐가 가장 작은 포유류인 이유를 설명하기 위해 비슷한 논리를 적용할 수 있다. 이러한 원리에 따라 쥐가 체온을 유지하기 위해 섭취해야 하는 음식량의 한계가 결정된다. 또 겉으로 보기에 무관해 보이는 질문 하나를 더 생각해 보자. 체중이 크게 차이 나는 동물이 왜 크기와 상관없이 대체로 비슷한 높이를 뛰는 걸까? 예를 들어 귀뚜라미와 인간 모두 약 1미터 높이까지 뛰어오를 수 있다. 이는 점프에 필요한 위치에너지가 질량 곱하기 높이에 비례하고, 근력은 질량에 비례한 것과 관련이 있다. 이 둘을 등식에 입력하면 높이는 질량과는 무관하다는 결과가 나온다. 즉, 모든 동물이 어느 정도 비슷한 높이까지 점프할 수 있는 것은 동일한 높이뛰기 유전자를 가져서가 아니라 중력이 질량 곱하기 뉴턴의 중력 상수 g이기 때문이다.

오늘 내가 윌리스 트레일에서 즐겁게 봤던 많은 새와 곤충들에게도 비슷한 논리가 적용된다. 비행기가 하늘을 난다는 것이 공기 중에 원자와 분자가 존재한다는 사실만 증명하는 건 아니다. 새들과 곤충은 앞을 향해 날기 위해 휘발유를 사용하지 않는다. 당연하지 않은가. 그 대신 날개를 퍼덕거려야 한다. 여기서 문제. 한 마리 새가 공중에 떠 있으려면 날개를 얼마나 빨리 움직여야 할까? 간단한 물리학 원리를 응용해 보자. 날갯짓으로 생기는 양력은 새를 아래로 잡아당기는 중력만큼 커야 한다. 이제 이 조건을 결정하는 몇 가지 요인들만 남았다. 새의 질량, 날개의 크기(면적), 날개를 편 길이, 공기의 밀도, 날갯짓의 빈도라는 변수들을 사용해 논리적으로 납득할 수 있는 공식을 세우는 방법은 하나밖에 없다. 예를 들어 날갯짓의 빈도는 새의 질량에 반비례한다. 몸집이 작은 새일수록 하늘에 떠 있으려면 날개를 더 빨리 움직여야 한다. 그래서 가엾은 벌새는 남들보다 더 많이 일한다.

여기서 중요한 것은 새가 하늘에 뜨는 조건에 새의 크기, 날개를 편 길이, 새의 무게 등 물리적 제약이 포함된다는 사실이다. 이것이 바로 물리학과 생물학을 분리된 학문으로 취급할 수 없는 이유다. 물리학은 분명 모든 단계에서 생물학에 관여한다. 그러면 혹시 인과관계의 순서가 바뀌기도 할까 혹은 바뀔 수도 있을까? 생물학도 물리학을 제약하는 건 아닐까? 이 부분은 나중에 좀 더 깊이 들어갈 것이다.

분명한 것은 생물학을 화학으로, 더 나아가 물리학으로 환원하는 과정이 화학을 양자물리학으로 환원하는 과정보다 더 받아들이기 힘들다는 것이다. 우리는 스스로를 생명계로 받아들여 차원 높은 자기 결정권과 자율성을 가졌다고 믿고 있다. 그런데 생물학을 (양자)물리학으로 환원한다는 것은 곧 인간 그리고 나머지 생명계의 행동이 미세한, 그것도 궁극적으로는 무작위적인 원자 간의 상호작용에 의해 결정된다고 암시하기 때문이다. 그렇다면 우리가 자신을 통제하고 있다는 느낌이 존재하는 곳은 어디일까?

몇몇 학자들은 결정론을 편안하게 받아들인다. 빅토리아 시대의 생물학자 토마스 헨리 헉슬리Thomas Henry Huxley는 에세이 《동물이 자동기계*automata*라는 가설에 관하여》에서 이렇게 말했다. "짐승이 꼭두각시보다 우월한 종이라는 증거가 어디에 있는가? 누가 즐거움 없이 먹고 고통 없이 울고 아무것도 열망하지 않고 아무것도 알지 못하면서 지능만 모방한다는 말인가?"

심지어 오늘날에도 반대되는 증거는 없다. 그 무엇도 우리가 물리 법칙에 따라 구현된 존재 이상임을 증명하지 못한다. 어쩌면 우리는 그저 자신이 실제 이상으로 자신을 통제하고 어떤 식으로든 자연에 거슬러 행동할 수 있다고 믿어버리는 건지도 모른다. 버트런드 러셀이 남겼다고 알려진 이야기가 있다. 매일 아침 일어나자마자 한 발로 10분 동안 서 있는 남성이 있었다. 친구가 왜 그러고 있냐고 물었더니 그가 대답했다. "이렇게 하면 호랑이가 도망치니까 그러지." 친구가 영국에는 호랑이가 없다고 반박하자 그가 대꾸했다. "봤지! 효과가 있잖아!"

우리 모두 그 남자와 비슷한 건 아닐까? 자신이 실제보다 더 많은 것들을 통제하고 있다고 생각하는 건 아닌지 말이다. 어쩌면 우리는 자신이 자유롭게 행동한다고 느낄지도 모른다. 그러나 정말 그럴까? 나는 클라크 키에서 내가 제일 좋아하는 술집 밖에 앉아 있다. 이곳은 생각하기 좋은 장소다. 하늘은 꾸물꾸물하고 해가 지면 늘 그렇듯이 키는 사람들로 북적인다. 이곳은 깨끗하고 아름답지만 베이징과는 달리 깨끗함의 축소판은 아니다. 싱가포르의 나머지 지역과 크게 다를 바 없다. 한 세기 전까지 이곳은 거의 대부분 자생하는 숲이었다. 내가 앞서 읽은 월리스의 몇 마디 말이 머릿속에서 맴돈다. "분명 미래 세대는 우리를 지나치게 부를 추구한 나머지 눈이 멀어 한층 높은 생각higher consideration을 보지 못한 이들로 평가할 것이다." 그는 1863년에 이 문장을 썼다. 눈이 먼 것인가 아니면 지배하려는 욕망에 눈이 가려진 것인가?

나는 플라시보 버튼을 생각한다. 처음에는 듣고 웃었지만 나중에는 절망에 빠지고 말았다. 많은 사람이 승강기 문을 더 빨리 닫으려고 닫힘 버튼을 누른다는 사실을 알 것이다. 하지만 실제로 대부분의 승강기에서 닫힘 버튼은 아무것도 하지 않는다. 그러니까 이 버튼은 아무 데도 연결되지 않았다는 말이다! 닫힘 버튼은 그저 사람들을 진정시키고 자신이 통제하고 있다고 느끼도록 해주기 위해 있을 뿐이다.

자신이 통제하고 있고 세상에 결정된 것이 없다는 기분조차 어쩌면 자연이 조작한 플라시보 버튼 아닐까? 매혹적인 가능성이지만 현실적으로 확인하기는 어려운 가설이다. 분명 자신에게 주도권이 있다는 느낌이 드는데 실제로는 계의 그 무엇과도 연결되지 않았다는 걸 무슨 수로 증명해 보이겠는가?

우리가 자유의지로 행동하고 있다는 것을 실험으로 증명하기는 힘들다. 예를 들어 본능적인 충동과 반대로 행동하기로 마음먹었다고 해보자. 그것으로 증명이 될까? 그렇지 않다. 본능에 반하는 행동조차 결정된 것일 수 있다. 독일의 시인이자 지성인 괴테는 자연에 관해 이렇게 말했다. “우리는 자연에 반항할 때조차 그 법칙에 순응한다. 우리는 자연에 거스르기로 결심했을 때조차 자연과 함께 일한다."

생물학을 물리학으로 환원하려고 애쓰는 행위 자체가 사실은 원인과 결과를 혼동하는 오류일지도 모른다. 《블랙 스완 *The Black Swan*》을 쓴 나심 니콜라스 탈레브Nassim Nicholas Taleb가 소개한 이야기가 있다. 그는 근육을 키워 몸매를 멋지게 만들고 싶었다. 하지만 다른 사람들처럼 헬스장에 가거나('너무 재미없으니까') 테니스를 치고 싶지는 않았다('너무 중산층 같아서'). 그래서 그는 수영을 하기로 결정했다. 수구팀 선수들을 보라. 하나같이 체형이 환상적이지 않은가.

그러나 1년 후 탈레브는 실망했다. 열심히 수영을 한 결과 의심할 여지없이 몸은 더 탄탄해졌지만 체형에는 변화가 없었다. 이유가 뭘까? 애초에 그는 원인과 결과를 혼동했던 것이다. 수영으로 인해 몸매가 더 나아진 것이 아니라 그 반대였다. 애초에 몸매가 훌륭한 사람들이 좋은 수구 선수가 됐던 것이다.

화장품 광고도 마찬가지다. 특정 화장품을 사용한다고 해서 더 예뻐지지 않는다. 이미 외모가 훌륭한 사람이 광고에 나올 뿐이다.

이러한 전제를 염두에 두고 다시 생각해 보자. 물리학과 생물학의 인과관계는 어느 방향으로 작동하는가?

많은 생물학자가 생물학은 물리학으로 환원되지 않을 뿐만 아니라 오히려 생물학이 물리학을 앞선다고 믿는다. 이렇게 생각하면 원인과 결과가 뒤섞여버린다. 생물학적 관점에서 물리학을 이해하도록 애써야 한다. 그 반대가 아니라!

이것이 꼭 비정상적인 것은 아닐지도 모른다. 결국 과학이란 인간 고유의 특성이다. 우리가 세상을 이해하는 방식 또는 여러 방식 중의 하나에 불과하다. 다른 종들은 양자물리학도, 다른 어떤 과학도 이해하지 못한다. 즉, 물리학을 공부하려면 생물학적 진화가 최소한 인간 수준의 복잡성에 도달해야 한다는 뜻이다. 그런 의미에서 생물학적 진화는 물리학보다 먼저 일어났다. 이러한 관점에서 좀 더 힘줘 말하자면 생물학은 실제로 물리학에 필요하다.

물론 모두 의심할 여지없이 사실이다. 그러나 물리 법칙이 인간이 진화한 다음에야 기능하기 시작했다는 주장에는 어폐가 있다. 우리는 우주가 인간이 존재하기 전부터, 심지어 40억 년 전 생물이 만들어지기 전부터 동일한 물리학적 명령을 수행해 왔다는 사실을 안다. 또한 인간과 모든 생명이 멸종하더라도 물리 법칙은 여전히 유효하고 우주는 거기에 순응할 것이다. 비록 그것을 검증할 사람은 하나도 남아 있지 않겠지만. 자연 속 규칙성을 수학 법칙으로 표현하는 방식은 틀림없이 인간만의 것이다. 비록 어떤 진보한 외계인이 만든 건지도 모르지만 말이다. 하지만 우주가 법칙을 따른다는 사실은 의심할 수 없는 사실이다.

물리학을 생물학에 환원하는 데는 심리적 페널티도 작용한다. 우리는 인간이 무생물과는 달리 본질적으로 의도성, 즉 환경에 고의적으로 행동하는 능력을 갖추고 있다고 믿는다. 자신의 의도에 따라 결정한 일이므로 우리는 자신이 하는 일의 주체다.

이러한 논리에 따르면 생명계는 컴퓨터가 아니다.

옥스퍼드대학교 동료 로저 펜로즈Roger Penrose처럼 일부 저명한 물리학자들조차 이런 직관을 좇아 인간의 의식이 컴퓨터보다 강력하다고 주장한다. 펜로즈는 결정 불가능성과 홀팅 문제가 분명 컴퓨터의 한계지만 의식을 가진 계에는 장애물이 되지 못한다고 주장한다. 뇌가 컴퓨터가 아니라는 건 완벽히 존중할 만한 과학 가설이다. 우리는 알지 못한다. 심지어 우리는 생물학의 나머지가 의식 있는 어떤 유기체 없이도 사실상 컴퓨터상에서 충실히 시뮬레이션할 수 있는지도 알지 못한다. 여기서 충실하다는 말은 '모든 주요 세부 사항들을 빠짐없이 포함하면서'라는 뜻이다.

하지만 부인할 수 없는 사실이 존재한다. 모든 것은 원자로 만들어졌다는 점이다. 원자의 존재와 구조는 양자물리학으로 완벽하게 이해됐다. 모든 생명계, 동물과 식물 또한 원자로 구성됐다. 이것들이 상호작용해 더 복잡한 분자 구조를 형성한다. 그 결과로 형성된 화학 과정이 살아 있는 것들을 살아 있게 만든다. 비록 그 방식은 아직 모른다고 인정하지만 말이다. 그러므로 궁극적으로 생물학은 물리학의 용어로 이해될 수 있어야 한다. 살아 있는 물질은 물리학 법칙에 순응하고 있으므로 물리학을 통해서 이해될 수 있다. 물리학과 생물학 사이의 간극은 환원될 수 있어야 한다.

이것을 처음으로 진지하게 고려한 과학자가 물리학자 에르빈 슈뢰딩거다. 양자물리학의 법칙을 발견한 바로 그 사람. 슈뢰딩거가 생물학을 물리학으로 환원하고자 한 것이 우연은 아니었을 것이다.

+ 4장 +

자연과학

NATURAL SCIENCE

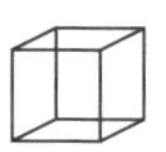

물리학에 혁명을 일으킨 이후로 슈뢰딩거는 생물학에 눈을 돌렸다. 1944년에 그는 영향력 있는 저서《생명이란 무엇인가》를 집필했다. 이 책에서 슈뢰딩거는 생물학적 과정의 물리학적 기초를 논의했다. 현재의 시각에서도 그는 놀라울 정도로 많은 점에서 옳았다. 슈뢰딩거는 기본적으로 생물의 유전 정보가 안정적으로 부호화됐을 거라고 예상했다. 그리고 결정結晶 형태가 부호화의 토대를 형성한다고 짐작했다.

실제로 제임스 왓슨James Dewey Watson과 프랜시스 크릭Francis Crick은 이후에 DNA가 결정과 유사한 주기적인 구조를 갖췄음을 증명했다. 또한 슈뢰딩거는 이후로 생물학의 근간이 된 생명 작용의 열역학적 기초를 이해했다. "… 생명을 가진 물질은, 지금까지 확립된 '물리 법칙'에서 벗어나지 않으면서 지금까지 알려지지 않은 '다른 물리 법칙'을 포함할 가능성이 있다. 그러나 일단 밝혀지면 전자前者와 마찬가지로 과학의 필수적인 부분이 될 것이다."

《생명이란 무엇인가》에서 가장 자주 인용되는 이 문단은 두 가지로 해석될 수 있다. 첫째, 슈뢰딩거가 언급한 다른 물리 법칙이 양자역학이라는 것이다. 그렇다면 그는 단지 고전물리학이 제시하는 법칙만으로는 생명을 이해할 수 없다고 말하고 있다. 지금까지 살펴본 바로는 틀림없는 사실이다. 고전물리학으로는 원자조차 설명할 수 없으니까.

하지만 어쩌면 슈뢰딩거는 양자물리학으로도 충분치 않다고 말하는지도 모른다. 실로 파격적인 관점이지만 이 책이 양자물리학이 발견되고 20년 후에 쓰였다는 점을 감안하면 얼마든지 가능한 해석이다. 최근에 갈렌 스트로슨Galen Strawson이 이런 관점을 상기시켰다. "의식의 경험이 전적으로 뇌에서 물질들이 작용한 결과라는 건 의심의 여지가 없는 사실이다. 그렇다고 우리가 '의식'이 무엇인지 알지 못한다는 건 아니다. 그보다는 '물질'이 무엇인지 모르는 게 더 맞을 것 같다. 문제가 되는 건 물질이다. 물질은 물리학자들이 오랫동안 보여줬듯이 우리가 생각했던 것보다 훨씬 특별하다."

스트로슨은 의식을 뇌에서 일어나는 물질의 활동으로 환원할 수 있지만, 그것이 암시하는 건 우리가 물질을 제대로 이해하지 못한다는 사실이라는 데 동의한다. 어쩌면 정말로 새로운 물리학 법칙이 필요한 건 아닐까? 미국 박물학자 조셉 우드 크루치Joseph Wood Krutch가 살아 있는 물질과 살아 있지 않은 물질의 차이를 두고 비슷한 놀라움을 표현했다.

"19세기 열정적인 생물학자들이 생명 과정과 화학 과정 사이에 질적인 차이가 없다고 결론짓고 싶어 안달한 것도 당연하다. 이들은 결정結晶이 둘을 연결하는 고리가 된다고 믿으며 결정의 생장은 곧 유기체의 생장과 동일하다고 본다. 오늘날에는 누구도 이런 식으로 생각하지 않는다. 원형질•은 교질colloid••이다. 기본적으로 교질은 결정화된 물질과는 다르다. 교질은 결정화하는 대신 젤 형태로 존재한다. 또한 지금까지 알려진 가장 단순한 상태의 생물은 태곳적부터 내려

• 세포막 안에 존재하는 물질.

•• 특정 크기의 입자가 다른 물질 속에 분산된 상태.

온 법칙을 영원히 순응하는 결정체라기보다 반항적이고 형태가 없는 젤리 덩어리다." 크루치에게 생명은 반항적인 젤리 덩어리이고 생명이 없는 물질과는 완전히 구분된다.

그렇다면 우리 앞에 자연과학의 대환원 과정이 줄어야 할 큰 간극이 존재한다. 첫째, 어떻게 무생물에서 생물이 발생하는가? 둘째, 본질적으로는 첫 번째 문제와 이어지는 질문으로, 어떻게 생물이 의식을 가지는가? 이 두 문제를 들고 자연과학의 마지막 여정을 떠나보자. 일단 양자로 시작해 보자. 양자물리학이 우리를 도와 이 질문에 답할 수 있을까? 나는 이 여정을 대략 12킬로미터 상공에서 시작한다. 어느 아주 맑은 이른 아침, 멀리서 벵골만이 반짝거린다. 큰 그림을 생각하기에 좋은 장소다.

슈뢰딩거는 물리 법칙으로 생물학을 읽기 시작하면서 먼저 볼츠만의 발자취를 따랐다. 볼츠만의 이론은 어떻게 열역학 제1법칙과 제2법칙이 생물학적 과정을 이끌어가는가로 시작한다. 잠시 복습하자면 열역학 제1법칙은 에너지는 열(에너지의 무질서한 형태)에서 일(에너지의 유용한 형태)로 바뀔 수 있을 뿐 에너지 총량은 보존된다고 규정한다. 제2법칙은 닫힌계에서는 엔트로피로 정량되는 전체적인 무질서도가 증가한다고 말한다. 그러나 시스템의 한 부분이 나머지 부분의 무질서를 대가로 더 질서 있게 변하는 걸 금지하지 않는다. 핵심은 어떻게 하면 전체적인 무질서도가 늘어나는 제2법칙의 제약 안에서 유용한 에너지(일)를 최대로 얻어내는가에 있다. 만약 방법이 있다면 세상의 다른 부분을 더 무질서하게, 예컨대 엔트로피를 더 증가시킨 다음 엔트로피의 차이를 이용하는 것이다. 이것이 생물이 이용하는 기술이다.

19세기 말에 볼츠만은 열역학 중심의 논리를 다음과 같이 아름답게 표현했다. "따라서 일반적으로 생물이 존재하기 위해 고군분투하는 행동은 안타깝게도 모두의 몸속에 변형 불가능한 열의 형태로 풍부하게 들어 있는 에너지를 얻기 위한 투쟁이 아니라 뜨거운 태양으로부터 차가운 지구로 흘러가는 에너지 흐름에서 얻을 수 있는 엔트로피를 획득하기 위한 분투다. 이 에너지를 최대한 이용하기 위해 식물은 측정도 할 수 없는 넓은 면적으로 잎을 펼쳐내고, 태양의 열에너지가 지구의 온도만큼 낮아지기 전에 아직 인간이 실험실에서는 알아내지 못한 화학 합성을 이끌어내기 위해 미처 탐구되지 않은 방식으로 이 에너지를 활용한다."

이 말에 슈뢰딩거는 이렇게 반응해야 했다. "알다시피 물리학 법칙은 통계 법칙이다. 이 법칙들은 무질서해지려는 자연적인 경향과 많은 관련이 있다. 그러나 유전물질의 높은 내구성과 미세한 크기가 서로 조화를 이루게 하려면 '분자를 발명함으로써' 이 경향을 피해야 했다. 사실 이 분자는 이례적으로 크기가 크고 대단히 차별화되며 양자 이론이라는 마술봉 아래 보호되는 걸작이어야 한다. 우연의 법칙은 이 '발명'으로 무효가 되지 않고 그 결과물만 수정된다."

실로 아름다운 생각이다. 원자의 무작위성을 바꿀 수 없지만, 점차 큰 구조물을 만들어냄으로써 무작위성의 영향력을 최소화할 수 있다. 큰 구조물은 결함 허용치가 높고 그 수가 많을수록 안전하다. 그리고 양자물리학은 제2법칙이 요구하는 붕괴의 하강 속에서도 안정도를 연장하는 열쇠다.

이런 관점에 따르면 모든 생명계는 실제로 맥스웰의 '악마'다. 이 악마에게는 제2법칙을 어길 수 있다는 맥스웰의 원래 의도보다 엔트로피를 최소화해 유용한 일을 추출하고자 에너지 정보를 최대로 늘리고 그것을 활용한다는 의미가 있다. 생명에 대한 이런 관점은 프랑스 생물학자이자 노벨상 수상자인 자크 모노Jacques Monod가 쓴 고전 《우연과 필연*Chance and Necessity*》에 잘 피력돼 있다. 그는 심지어 이렇게 말했다.

"진화의 불가역성을 생물권에서 열역학 제2법칙이 표현되는 방식이라고 보는 관점은 타당하다." 동물의 체내에서 주요 에너지를 생성하는 과정은 미토콘드리아에서 일어난다. 이곳에서는 음식을 유용한 에너지로 전환한다. 식물은 음식 대신 광합성에 의존한다.• 우리는 생명계가 열을 유용한 일로 전환하기 위해 '분투한다'는 사실을 생명체와 무생물을 구별하는 결정적 특징으로 볼 수 있다.

물론 어디에나 중간 지대는 있다. 자동차처럼 인간이 만든 기계도 에너지(연료)를 일로 전환한다. 그러나 인간에게서 독립해 독자적으로 분투하는 건 아니다. 반면 우리 자신도 외적인 요인들로부터 독립적이지 않기 때문에 생명을 정의하는 문제가 그리 녹록지 않다.

모든 생명 과정이 엔트로피의 힘에 의해 추진된다고 생물학자들이 생각하는 이유가 여기에 있다. 이 힘은 가상의 힘이다. 예컨대 전자기력처럼 기본적인 힘이 아니라는 뜻이다. 그리고 생명체는 자신의 엔트로피 값을 주변 환경보다 낮게

• 하지만 광합성으로 생성한 유기물을 에너지로 전환하는 과정은 동물에서처럼 미토콘드리아에서 일어난다.

유지하려는 성향을 나타낸다. 물론 모든 생명체를 움직이는 엔트로피의 경사도는 궁극적으로 태양과 지구의 온도 차에 기반한다.

또 다른 물리학자 레옹 브릴루앵Leon Brillouin은 이를 '네거티브 엔트로피', 즉 음의 엔트로피 원리라고 불렀다. 생명은 최대 엔트로피를 특징으로 하는 환경과 평형을 이루지 않는다. 자신을 평형 상태에서 멀리 유지하기 위해 생명체는 환경으로부터 음의 엔트로피를 끌어들일 필요가 있다. 그래서 우리가 음식을 먹는 것이다. 음식은 고도로 구조화된 물질로서, 이산화탄소와 물을 재료로 지구-태양의 음의 엔트로피를 사용해 자체적으로 구조물을 짓는 식물이나 엔트로피를 낮게 유지하기 위해 식물을 먹는 동물의 형태로 섭취된다. 우리는 음식을 구성하는 원자 사이의 결합에 저장된 화학 에너지를 이용한다.

태양과 지구의 온도 차가 제공하는 음의 엔트로피는 초당 볼츠만 상수의 10^{37}이라는 엄청난 양으로 추정된다. 그렇다면 생명체를 창조하는 데 얼마나 많은 음의 엔트로피가 필요할까? 생명이 없는 지구를 현재의 지구로 환골탈태시키려면 대기에서 생물량에 필요한 모든 원자를 뽑아 정확히 현재의 양자 상태에 둬야 한다고 가정해 보자. 이 가정에서는 죽은 지구의 엔트로피를 최대로, 현재 지구의 엔트로피를 최소로 두고 두 엔트로피의 차이가 생명체에 필요한 대략의 엔트로피 감소량이라고 본다. 간단히 계산해 보면 필요한 엔트로피 차이는 볼츠만 상수의 10^{44}이다. 그럼 이론적으로 태양-지구 운동이 약 한 시간($10^{44-37}=10^{7}$) 동안 이뤄지면 생명체를 생성하기에 충분한 엔트로피를 제공한다는 계산이 나온다.

알다시피 생명이 진화하는 데는 훨씬 오랜 시간이 걸렸다. 환경 조건이 적합하지 않았고, 또 전 과정이 마구잡이로 일어났기 때문이기도 하다. 생명계는 결코 완벽한 엔진이 아니지만 중요한 건 태양-지구의 온도 차가 생명을 유지하기에 충분하다는 점이다. 게다가 우리에게는 생명 그리고 문화, 산업, 대도시 등 에너지를 더욱 효율적으로 취급하게 돕는 것들이 생성한 엔트로피가 있다.

엔트로피 단위(1단위 엔트로피는 kT, k는 볼츠만 상수, T는 온도)가 10^{53} 이상인 것은 모두 우주의 나이보다 오래 걸린다. 이 땅의 생물이 에너지를 추출하는 특별한 방법이 생명의 지속 가능성에 좀 더 심각한 제약을 가하기 때문이다. 예를 들어 태양 에너지를 직접 이용할 수 있는 건 식물뿐이다. 초식동물은 식물을 먹고, 육식동물은 초식동물(과 식물)을 먹어서 에너지를 얻는다. 햇빛을 직접적으로 사용하는 유기체에서 멀어질수록 에너지 추출의 효율이 떨어진다. 아이작 아시모프Isaac Asimov는 《생명과 에너지*Life and Energy*》에서 태양-지구 시스템은 해조류를 직접 섭취할 때 최대 1조 5,000억 명의 인간을 먹여 살릴 수 있다고 추정한다. 현재로서는 아직 멀었지만 우리에게도 그렇게 할 수 있는 관련 기술이 있다고 가정할 수 있다.

1964년 스웨덴 응집물질 물리학자 페르-올로브 뢰브딘Per-Olov Löwdin은 생명체에 양자물리학이 필요하다는 슈뢰딩거의 제안을 처음으로 진지하게 받아들였다. 그는 DNA 돌연변이를 일으키는 메커니즘을 다루면서 '양자생물학'이라는 단어를 처음으로 사용했다. 뢰브딘은 양자가 기여한 것 중 DNA 복제와 유전자 돌연변이 과정에서 양성자 터널링proton tunnelling과 그 역할이 가장 주요하다고 판단했다. 화학 결합 자체를 양자물리학으로 설명할 수 있는 특징은 이미 잘 알려졌다. 그러나 터널링은 추가적인 특징이다.

고전물리학에서는 입자의 에너지가 부족해 넘을 수 없었던 장벽을 터널링 혹은 터널 효과 덕분에 넘을 수 있게 된다.

테니스공을 단단한 벽에 던지는 과정을 예로 들어보자. 벽에 부딪힌 공은 언제나 다시 튀어나온다. 그러나 양자물리학에서는 언제든 그 공이 실제로 벽을 통과해 나갈 가능성이 있다. 핵붕괴를 설명하는 방식이 대표적이다. 비록 에너지가 충분하지 않은 상태에서도 원자핵을 구성하는 양성자와 중성자가 빠져나가 핵붕괴를 초래할 수 있다.

양성자 터널링은 고전물리학에서 일어날 수 없다. 만약 터널링이 정말로 DNA 복제와 돌연변이의 근간이라면 당연히 양자물리학은 생명체에 필수적이다. DNA 복제의 핵심은 서로 다른 DNA 가닥에 있는 염기쌍과 염기 결합에 필요한 양성자의 위치가 일치하는 데 있다. 만약 양성자가 관통해 다른 위치로 가면 쌍을 이룬 염기가 불일치해지면서 유전자 돌연변이를 일으킨다.

생물학적 양성자 터널링 현상 뒤에 있는 중심 개념은 고전물리학 아래에서는 에너지가 부족해 일어날 수 없는 어떤 과정이 양자물리학에서는 일어날 수 있다는 점이다. 고전물리학에서는 온도 때문에 에너지가 충분하지 않아 특정 분자가 서로 짝을 지을 수 없더라도 양자물리학의 측면에서는 그 과정이 일어날 수 있다는 말이다. 단, 사소한 문제가 하나 있다.

뢰브딘이 터널링을 제안한 이후로 거의 60년이 지났지만 아직 양성자가 DNA를 관통하고 DNA 복제에 영향을 준다는 결정적인 증거가 없다. 그러나 단지 시간문제일 뿐이라고 말해주는 증거는 있다. 또 그렇지 않더라도 양자물리학이 다른 생물학적 현상에 작용한다는 새로운 증거가 있다.

광합성은 식물이 태양에서 나오는 빛에너지를 흡수하고 저장하고 사용하는 메커니즘이다. 태양에너지는 이산화탄소와 물을 재료로 뿌리, 가지, 잎과 같은 다양한 식물 구조물을 만드는 데 쓰인다. 최근 캘리포니아대학교 버클리캠퍼스의 그레이엄 플레밍Graham Fleming이 주도한 흥미로운 실험에 따르면 양자 효과가 광합성에 큰 영향을 미칠 가능성이 있다. 게다가 이 실험은 광합성의 에너지 전달과 특정 유형의 양자 연산 사이에 밀접한 관계를 지적한다. 즉, 식물은 기대 이상으로 에너지 전달 효율이 높기 때문에 그 뒤에 모종의 양자 정보 처리 과정이 있어야 한다는 것이다.

식물의 잎은 흡수한 빛을 에너지 저장 장소까지 90~100퍼센트라는 굉장히 높은 효율로 전달한다. 반면 인간이 만든 최상의 광전지는 20퍼센트의 효율에 그친다. 과연 식물은 어떻게 효율을 높였을까? 완벽한 정답은 없지만 대강 큰 그림을 그려보면 다음과 같다. 햇빛을 흡수하고 저장하는 장치가 없는 표면에 햇빛이 부딪히면 에너지는 대체로 그 표면 위에서 열의 형태로 발산된다. 여기에서는 에너지가 소실되는데 이후에 벌어지는 일의 차원에서는 유용한 결과다. 표면에서 에너지가 소실되는 이유는 각 원자가 모두 독립적으로 행동하기 때문이다.

태양 복사선이 제멋대로 흡수되면 원래의 유용한 속성은 모두 사라진다. 그렇게 되지 않으려면 표면에 행동의 일치를 보이는 원자나 분자가 있어야 한다. 모든 녹색식물이 달성한 위업이 바로 이 부분이다. 이해를 돕기 위해 각 분자를 진동하는 작은 현으로 생각해 보자. 모든 분자는 다른 분자와 상호작용할 때 서로 에너지를 전달하면서 진동하게 마련이다. 빛이 부딪히면 현의 진동과 역학 관계가 달라지면서 가장 안정적인 구성을 찾아간다. 이때 각 진동이 양자가 아니라면 그처럼 효율적으로 안정적인 구성을 찾을 수 없다는 점이 중요하다(최대 50퍼센트의 효율성).

처음에 플레밍은 저온에서 실험을 했다(절대온도 77켈빈. 식물은 보통 300켈빈에서 작용한다). 그러나 이어지는 연구에서 실온에서도 동일한 작용이 지속됐다(아직까지 직접 햇빛을 사용해 실험한 적은 없다). 그러므로 양자 효과가 전적으로 현실의 조건에서도 살아남을지 완전히 확신할 수 없다. 그러나 생명계에 양자 연산을 구현한다는 가능성이 존재하는 것만으로도 흥미롭고 발전 가능성이 있는 연구 분야가 아닐 수 없다. 광합성의 경우를 설명하자면, 그 과정에서 전달되는 정보는 단지 광자의 에너지다. 진동은 이 정보를 적절한 반응 센터로 전달해 화학이 에너지를 생산하는 양자 컴퓨팅의 한 형태다.

자기감각magneto-reception은 동물이 양자물리학을 활용할 수 있는 또 다른 예다. 유럽울새는 매년 추운 스칸디나비아반도에서 따뜻한 아프리카의 적도까지 왕복으로 오가는 능력을 가진 작은 생물이다. 이 부지런한 새는 매해 편도 6,400킬로미터나 되는 위험천만한 비행을 요란스럽지 않게 수행해 낸다. 모두 내부에 장착된 방향감각 덕분이다.

인간에게 비슷한 과제를 준다면 어떨까? 예를 들어 15세기 후반 포르투갈 탐험가 페르디난드 마젤란Ferdinand Magellan도 같은 문제를 겪었지만, 나침반이라는 유용한 도구를 활용해 이를 해결했다. 마젤란은 배를 타고 세계 일주를 하면서 지구 자기장에 민감한 나침반을 이용하는 안정적인 기준 시스템을 터득했다. 그 덕분에 오늘날 유럽에서 출발해 나침반을 보고 지구 자기장의 남쪽으로 따라가면 결국 아프리카에 도달한다고 확신할 수 있는 것이다. 이처럼 인간에게는 길을 안내해 주는 나침반이라는 도구가 있었지만, 유럽울새는 어떻게 실수 하나 없이 일관되게 길을 찾는지 종잡을 수 없었다. 새들은 일종의 나침반을 몸에 내장한 건 아닐까? 물론 모종의 길 안내 메커니즘이 있긴 하겠지만 분명 마젤란이 사용한 방식은 아닐 것이다.

1970년대 초에 독일 생물학자 볼프강 빌치코Wolfgang Wiltschko가 유럽울새가 지닌 안내 메커니즘의 증거를 처음으로 제시했다. 그는 스칸디나비아반도에서 아프리카로 비행 중인 유럽울새들을 붙잡아 인공 자기장을 부착한 다음 새들의 행동을 관찰했다. 확실히 밝혀두자면 새들에게 어떤 해도 끼치지 않았다! 빌치코는 북쪽과 남쪽의 방향을 바꿨을 때 유럽울새가 어떻게 반응하는지를 주로 관찰했다. 그런데 대단히 놀랍게도 아무 일도 일어나지 않았다. 울새는 자기장이 역전됐다는 사실을 전혀 눈치채지 못했다. 만약 인간이 사용하는 나침반을 동일한 방식으로 조정하면 바늘이 외부 자기장에 따라 방향을 바꿔 완전히 반대 방향을 가리킨다. 그러면 인간 여행자는 대혼란에 빠질 것이다. 하지만 어째서인지 유럽울새에게는 이런 변화가 전혀 먹히지 않았다.

빌치코는 거듭되는 실험을 통해 비록 유럽울새가 자기장의 남북을 구별하지는 못해도 자기장이 지표면과 이루는 각도를 추정할 수 있다는 사실을 증명했다. 울새가 방향을 잡기 위해 필요한 정보는 이것이 전부였다.

또 다른 실험에서는 유럽울새의 눈을 가리고 진행했다. 다시 말하지만 새에게 해를 주지 않았다. 이때는 새들이 자기장을 전혀 감지하지 못했다. 그런데 한번 생각해 보길 바란다. 도대체 어떻게 새의 눈을 가렸을까? 빌치코는 인간은 어두운 곳에서도 나침반을 확인할 수 있지만 유럽울새는 빛이 없으면 자기장을 '볼' 수 없다고 결론 내렸다. 새들이 장거리 항해에서 길을 찾는 메커니즘을 발견한 진전의 순간이었다. 빌치코의 실험 결과는 오늘날 미국 생물학자 클라우스 슐텐Klaus Schulten이 제안하고 토르스텐 리츠Thorsten Ritz가 발전시킨 해석을 통해 널리 받아들여지고 있다.

빌치코의 실험 결과는 빛이 울새의 망막에 있는 분자 속 전자를 흥분시킨다는 발상을 전제한다. 더욱 중요한 사실은 흥분된 전자가 같은 분자에 있는 다른 전자와 '슈퍼상관관계super-correlated'를 맺게 된다는 것이다. 순수한 양자물리학

효과인 슈퍼상관관계는 한 전자에서 어떤 일이 일어나든 다른 전자에도 영향을 미쳐 두 전자가 서로 떨어질 수 없는 '쌍둥이'가 된다는 원리다.

각각의 쌍둥이 전자는 지구 자기장의 영향을 받는다는 전제하에 자기장이 조정되면 슈퍼상관관계의 상대적인 강도에 영향을 줄 수 있다. 따라서 새들은 슈퍼상관관계의 상대적 강도를 포착하고 자기장의 변이와 연관 지어 마음속에서 자기장의 이미지를 형성함으로써 스스로 방향을 잡고 먼 항해를 한다. 물리학자로서 리츠는 양자물리학에서 '양자 얽힘'이라는 이름으로 여러 번 증명된 현상인 슈퍼상관관계에 대해 이미 많이 알고 있었다.

아주 간단한 모델에 따르면 울새의 계산력은 얽힘이 더 오래 지속된다는 측면에서 우리가 현재 수행할 수 있는 유사한 양자 컴퓨터만큼이나 강력하다! 구체적으로 말하면 울새는 전자가 얽힌 상태를 최대 100마이크로초까지 유지할 수 있는 반면, 인간은 실온에서 가까스로 비슷한 수준을 만들 수 있다. 만약 이러한 사실이 추가 증거로 입증된다면 그 영향력은 실로 어마어마해진다. 먼저 인간이 미처 가능성을 생각지도 못한 아주 오래전부터 자연이 양자 컴퓨팅이라는 기술을 발전시킨 것이기 때문이다. 자연은 우리를 계속해서 겸손하게 만들지만, 한편 새로운 희망도 가져다준다. 우리가 활용할 수 있는 대규모 양자 컴퓨터의 현실화가 과거에 생각한 것만큼 멀지 않았다는 희망이다. 그저 우리는 자연 세계에 이미 존재하는 것들을 더 잘 모방하는 방법만 찾으면 된다.

1932년에 양자물리학의 아버지 중 한 명인 닐스 보어는 "빛과 생명"이라는 제목으로 수차례 강의를 했다. 보어는 특히 양자물리학과 생물학의 잠재적 연관성을 논의했다. 그는 물리학에서 양자의 존재(기저에 더 심오한 논리는 없는 것처럼 보이는 양자물리학의 단순하고 냉엄한 사실)와 생물학에서 생명계의 존재(보어는 이 역시 우리가 무조건 받아들여야 하는 사실이라고 생각했다) 사이의 유사성을 끌어냈다.

"… 생명의 존재는, 설명할 수는 없지만 생물학의 시작점으로 봐야 하는 기본적인 사실로 간주돼야 한다. 그것은 고전역학의 관점에서 보면 비논리적 요소로 보이는 양자의 작용이 기본 입자의 존재와 함께 원자 물리학의 기초를 형성하는 것과 비슷한 방식이다. 이런 면에서 생명체의 고유한 기능을 물리학이나 화학으로 설명하기 불가능하다는 확신은 원자의 안전성을 이해하기 위한 역학적 분석이 부족한 것과 유사하다."

보어는 우리가 세계가 왜 양자인지(선험적으로 그것은 다른 물리 법칙에 의해 지배될 수 있다) 설명하지 못하는 것과 마찬가지로, 무생물에서 생명계가 발생한 과정도 (단지) 물리 법칙을 (따라서 화학을) 사용해서는 설명할 수 없다고 주장한다. 이런 측면에서 보어는 환원주의자가 아닌 것 같다.

흥미롭게도 보어는 생명이 없는 물질에서 생명이 있는 물질이 발생한 과정을 설명할 수 있는 새로운 물리 법칙의 가능성을 염두에 두지 않았다. 그러나 루돌프 파이얼스Rudolf Peierls 같은 물리학자는 달랐다. 물리학으로 생명을 설명할 수 있겠냐는 질문에 파이얼스는 이렇게 대답했다. "여기에서 대단히 불가사의한 어떤 것을 기대할 수는 없을 듯합니다. 오히려 19세기 물리학의 상황과 비슷하죠. 처음에 과학자들은 어떤 설명에도 메커니즘이 들어가야 한다고 믿었습니다. … 그래서 물리학자들은 맨 처음 전기적이고 자기적인 현상을 발견했을 때 어떤 메커니즘으로 설명하려고 했습니다. 다른 사람들은 물론이고 맥스웰조차 그렇게 시도했어요. 하지만 결국엔 전기와 자성은 역학에 모순되지 않을 뿐만 아니라 오히려 그 자체로 물리학을 더욱 풍요롭게 만들어주는 물리적인 개념이라는 걸 깨닫게 됐습니다. 이런 뜻에서 나는 우리가 새로운 개념을 도입해 물리학의 지식을 풍성하게 만들기 전에는 생물학의 기본을 마무리할 수 없다고 봅니다."

파이얼스는 또한 보어가 그랬듯이 전자기 현상을 설명하지 못한 역학에서 유사성을 끌어냈다. 그러나 전자기 현상이 역학과는 다르다고 밝혀진 것처럼 미래의 물리학은 현재와는 아주 달라 자연스럽게 생명을 수용하고 설명할 수 있을지도 모른다고 결론지었다. 전자기장의 개념은 뉴턴의 고전역학에서는 발견되지 못했고, 그래서 거기에 추가돼 물리학을 보강했다. 파이얼스는 같은 방식으로 어떤 새로운 물리학이 나타나 생명에 대한 이해를 자연스럽게 흡수하고 물리학을 크게 강화하는 개념을 포함하게 될 수도 있다고 생각했다.

그러나 보어는 환원주의에 더 깊은 의구심을 가졌고 이것이 그의 상보성 철학의 기초가 됐다. 보어는 양자물리학에서처럼 한 물체의 파동과 입자적 속성을 동시에 보여줄 수 없고, "… 또한 생명 현상의 특이성, 그중에서도 생물의 자기 안정 능력은 생명이 발생하는 물리적 조건을 상세하게 분석하는 게 근본적으로 불가능하다는 사실과 분리해 생각할 수 없다"라고 믿었다.

다시 말해 생명체를 물리적으로 이해한다는 것은 실제로 생명체가 살아 있다는 것에 상보적인 의미다. 어떤 물체가 살아 있다고 확인하거나 그것을 물리적으로 이해하기 위해 죽임으로써 탐사할 수는 있지만, 둘 다를 할 수는 없기 때문이다.

최근에 동료들과 나는 이 아이디어를 시험할 방법을 생각해 봤다. 우리는 하나의 생물학적 시스템이 살아 있다는 걸 확인하는 동시에 그것이 양자 중첩 상태인지 알 수 있는지를 밝히고자 했다. 문제의 양자 중첩은 생명체와 빛의 단일 입자, 즉 광자 사이에 있었다. 이는 보어의 강좌 제목인 "빛과 생명"에 비춰볼 때 아주 적절하다.

이 실험은 셰필드대학교에 있는 내 친구 데이브 콜스Dave Coles와 옥스퍼드대학교, 셰필드대학교, 하버드대학교의 연구자들이 공동으로 진행했다. 앞에서 말한 양자적 방식으로 광합성을 해서 살아가는 자주박테리아purple bacteria라는 생물이 있다. 연구진은 1미터의 100만 분의 1에 해당하는 작은 구멍에 이 박테리아를 극소량 집어넣어 같은 구멍 안에 갇힌 광자와 상호작용하게 두었다. 그 구멍의 벽은 필요한 만큼 오랫동안 광자를 안에 가둬둘 수 있고, 반사율이 아주 높은 거울로 이뤄져 있다. 그러면 박테리아와 빛 사이에 상호작용이 일어나면서 서로 더는 구별할 수 없는 상태가 된다. 이 상태는 박테리아가 광자를 흡수하는 동시에 흡수하지 않는 상태이자, 광자가 구멍 안에 존재하면서 또 존재하지 않는 상태이다. 즉, 박테리아와 빛 사이에 얽힘이 있는 상태를 말한다.

이 실험에서는 이런 양자 상태에서 박테리아가 여전히 살아 있다는 점이 핵심이다. 그걸 어떻게 알 수 있을까? 연구진은 박테리아의 생사를 확인하기 위해 빛을 내는 다른 분자, 즉 '염료'를 구멍 안에 추가했다. 박테리아가 살아 있을 때는 박테리아의 몸 밖에 머물러 있다가 박테리아가 죽으면 방어 메커니즘이 붕괴하면서 염료가 세포 안으로 들어가기 때문이다. 콜스는 박테리아가 광자와 중첩된 동안에도 살아 있는 걸 발견했다. 그러므로 생물학적 시스템은 살아 있는 채로 양자 중첩 상태에 있을 수 있는 것이다!

그러나 보어의 주장에는 모호한 측면이 있어서 1932년 이후 여러 방식으로 해석됐다. 그 덕분에 물리학과 생물학에 대해 폭넓은 견해가 갖춰졌다는 걸 지적하고 싶다.

보어의 견해와는 정반대로 생명의 미스터리와 양자 기원의 미스터리가 동일하다고 제기하는 주장도 있다. 이러한 관점에서는 보어가 양자와 생명 사이의 유사성이라고 본 것이 사실은 유사점 이상이라고 주장한다. 어쩌면 양자물리학은 실제로 생명의 존재에 꼭 필요한지도 모른다.

이 가설을 테스트하기는 어렵다. 생명이 고전 세계를 떠날 수 없다는 걸 보여야 하는데, 누가 그걸 보일 수 있겠는가? 그러나 다른 방식을 시도해 볼 수는 있다. 앞서 콜스의 실험에서 나온 박테리아의 화학적 특성을 바꿔 구멍 속에서 빛과 함께 얽혀 있을 때만 광합성을 통해 살아갈 수 있게 변형시킬 수 있다. 이 경우 조작된 박테리아는 구멍 밖에서, 즉 양자물리학이 없는 상태로는 살아남지 못할 것이다. 양자 중첩 상태에서는 박테리아가 광합성을 해서 살 수 있지만, 그 외의 상황에서는 죽는다는 뜻이다.

생물학을 물리학으로 환원하는 것이 무엇을 의미하는지는 명확하지 않다. 다만 한 가지는 분명하다. 물리학을 생물학에 적용해 얻을 수 있는 이점이 많고, 현재의 추세를 볼 때 생명과 무생물의 간극이 조만간 확실히 사라질 거라고 낙관해야 한다는 점이다.

이제는 우리가 생명의 과정을 역으로 조작해 컴퓨터상에서 시뮬레이션할 수 있는 훌륭한 가능성이 대두되고 있다. 이것은 존 콘웨이의 '생명의 게임'과는 다르다. '생명의 게임'에서는 세포 자동자 알고리즘의 기본이 되는 간단한 알고리즘(알고리즘 코드의 길이가 몇 줄밖에 되지 않는다)에 기반해 컴퓨터 화면에서 복제 패턴을 생성한다. 그 대신 이제는 새로운 양자 기술로 에너지 흐름과 같은 생물학적 과정을 훨씬 자세히 시뮬레이션하는 방법도 생각해 볼 수 있다. 결국 생명계가 열에서 유용한 일을 얻기 위해 분투하는 존재라면 애초에 '생명의 게임'은 핵심을 놓친 셈이다. 그곳의 구조들은 살아 있다고 생각될 수도, 또 살아 있을 수도 없다! 그렇다면 '분투'라는 요소를 무생물 구조에 불어넣어야 할까? 아니면 생명을 충실히 시뮬레이션하다 보면 자동적으로 생명을 갖게 되는 것일까? 우리는 여기에서 대환원의 가장 큰 간극에 아주 가까워지고 있다.

이제 우리는 고체의 성질을 시뮬레이션하고 파악하기 위해 최대 20큐비트qubit•에 달하는 양자 컴퓨터를 사용한다.

• 양자 컴퓨터의 작용 단위.

그러나 고체는 생명이 없다. 우리가 살아 있는 과정을 양자 컴퓨터로 더 복잡하고 충실하게 시뮬레이션하면 생명을 재창조할 수 있을까? 그리고 이 인위적인 컴퓨터 시뮬레이션을 통해 정말로 생명을 얻게 될까? 옥스퍼드대학교에서 가장 최근에 신설된 연구대학인 옥스퍼드 마틴 스쿨은 이런 프로그램을 향한 첫 단계에 연구비를 지원하고 있다. 그곳에서는 자연이 설계한 시스템에서 영감을 받은 미래의 양자 기술 개발을 목표로 삼고 있다. 흥미로운 일이다.

앞서 슈뢰딩거가 '다른 물리 법칙'이라고 언급한 것은, 우리가 생명을 이해하고자 한다면 양자물리학을 넘어서야 한다는 뜻이었을까? 실제로 생물학이 기본적인 물리 법칙을 가르칠 수 있을까? 이러한 생각이 급진적이라는 것을 나도 안다. 대부분의 물리학자들도 이 생각을 거부할 것이다. 우리는 물리학이 화학의 밑바탕에 그리고 다시 화학이 생물학의 밑바탕에 있다고 생각한다. 인과관계의 화살은 작은 시스템, 즉 물리계에서 생물학이라는 큰 시스템의 방향으로 작용한다. 그러나 생물학도 물리학에 대해 뭔가를 말해 줄 수 없는 걸까?

데이비드 도이치의 '구조자 이론constructor theory'은 생물학에서 동기를 부여받은 새로운 물리학 접근법으로 사물을 구성하는 모든 것에 관한 이론이 될지도 모른다. 다시 말해 물리학에서는 변화의 법칙과 계의 상태에 관해 이야기한다. 물리 법칙이 실제로 진화의 법칙과 비슷한 일종의 구성 법칙으로 표현돼야 할까?

이는 곧 물리학 전체를 단지 어떤 과정은 가능하고 어떤 과정은 불가능한지를 규정하는 것으로 표현할 수 있는가의 문제다. 이것은 고전 체계와 양자 체계 양쪽에서 모두 시스템의 상태와 그 상태가 시간에 따라 달라지는 방식을 설명하는 방정식의 측면에서 물리학을 표현하는 일반적인 방식과는 매우 다르다.

이 접근법으로 다다를 수 있는 막다른 통로는 고전물리학으로 가장 쉽게 이해할 수 있다. 여기서 우리가 도출한 동역학 방정식은 열역학 법칙을 불가능하게 만들기 위해 떠올려야 하는 모든 과정, 즉 발생하지 않은 수많은 프로세스를 허용하게 만든다. 그러나 기본 법칙을 수정하는 게 더 큰 모순으로 이어지는 양자물리학에서는 더욱 쉽다.

도이치가 제안하고 이후에 말레토가 옥스퍼드대학교에서 발전시킨 새로운 접근 방식, 즉 어떤 구성은 가능하고 어떤 구성은 가능하지 않은지의 관점에서 물리 법칙을 다시 풀어 쓰는 패러다임 대전환은 우리에게 물리학과 생물학의 간극을 연결하는 다른 관점을 줄지도 모른다. 결국 생명 체계는 구조자이고 그건 진화론도 마찬가지다. 아마도 동역학 법칙이 아니라 구성 과제의 측면에서 물리학을 표현하는 게 생명을 설명하는 좀 더 적합한 방식일 것이다.

물리학자들은 단순하고 생명이 없는 물체를 연구한다. 그런 덕분에 날씨 패턴이나 금융 시장 같은 것을 이해하기 어려워한다. 원자처럼 단순하지 않고 복잡한 것에 대해서는 이해하지 못하는 것 같다. 왜 그럴까? 생명의 경우, 어떤 사소한 문제가 있기 때문이다. 그리고 자연과학 분야들 사이의 대환원이 요원해 보이는 이유가 여기에 있다. 식물이나 유럽울새에서 살펴봤듯이 우리는 일부 생물학적 과정에서 양자 연산을 볼 수 있다. 어쩌면 양자로 의식을 설명할 수 있다고 제안해도 비약은 아닐지도 모른다. 그러나 여기에 가장 좁히기 힘든 간극이 있다. 결정론과 무작위성의 문제다.

하늘을 나는 행위는 내겐 진정한 기쁨이다. 땅 위 아주 높은 곳에서는 인간사의 세세한 사정들로 인해 혼돈과 복잡함 속에서 이뤄지던 연극을 끝내고 신선한 공기를 마실 수 있다. 물론 비행기 안에서 신선한 공기를 마신다는 말에는 어폐가 있지만. 그렇다, 그게 통제와 지배의 감정임을 인정해야겠다. 저 높은 곳에서 아래를 내려다보고 사물을 파악하는 것. 이제 그 통제의 문제를 들여다보겠다. 그건 아주 큰 문제이기 때문이다. 통제는 인간과 인간의 노력을 통합하지만 한편으로 윌리스가 '한층 높은 생각'이라고 부른 것을 보지 못하게 하는 문제일지도 모른다.

정복자 프란시스코 데 오레야나Francisco de Orellana는 스페인 군대에 붙잡혀 작고 차가운 감옥에 갇혔다. 그는 곧 재판에 소환돼 사형선고를 받았다. 스페인 왕실에 맞서 가장 큰 반란을 주동한 대역죄인에게 더 큰 정신적 고문을 가하기 위해 판사는 오레야나에게 사형집행인을 언제 마주하게 될지 미리 알지 못할 거라고 말했다. 사형이 언도된 날은 일요일이었고 판사는 오레야나를 일주일 안에 교수형에 처하도록 명했다. 오레야나는 자신의 운명을 사형 당일 아침에야 알게 될 것이다. 생의 마지막 밤이 될지 모른다는 생각으로 매일 잠을 청해야 하는 공포를 생각해 보라.

그러나 오레야나는 생각했다. 판사의 논리에 따르면 사형은 자신에게 주어진 일주일 중 주말을 제외한 마지막 날인

금요일에는 일어나지는 않을 것이다. 만약 목요일까지 사형을 당하지 않는다면 목요일에는 사형일을 알 수 있을 테니까. 그렇게 되면 판사가 의도한 바와 달리 오레야나는 마음의 준비를 할 수 있다. 이런 생각의 흐름을 따르다 보니 목요일, 수요일 그리고 결국 사형이 선도된 일요일까지 모두 사형이 집행될 수 없다는 결론이 나왔다. 어떤 날이든 판사의 잔인한 계획을 좌절시키게 될 테니까.

오레야나는 일요일에 이 사실을 모두 알아냈다. 그리고 자신이 불확정성에 기인한 고문을 결정론적인 것으로 바꿔놓았다고 생각했다. 즉, 그는 불시에 사형이 집행돼 자신을 깜짝 놀라게 할 수 없다고 추론했다!

종종 '사형수의 역설'이라 불리는 유명한 난제다. 사형 대신 깜짝 시험, 원치 않는 방문객, 나쁜 소식을 전하는 편지 등 불길한 사건들로 재구성한 여러 버전이 알려져 있다. 그러나 오늘날까지도 철학자들은 이 역설의 핵심이 어디에 있는지를 두고 논쟁한다. 현실에서는 죄수가 정확한 사형 날짜, 주, 심지어 연도 정도를 모르게 유지하는 걸로도 충분할 것이다. 일본의 사형 시스템이 이런 식으로 운영된다.

그러나 불확정성이 무조건 나쁜 것은 아니다. 자유의 몸인 나는 내가 언제 죽을지 모르는 편이 훨씬 행복할 것이다. 12킬로미터 상공에서 이런 말들을 쓴다는 것은 유혹적인 운명이 아닐 수 없다. 마찬가지로 오레야나는 확률이 아무리 낮아도 탈옥의 가능성 또는 지진으로 감옥이 무너지면서 탈출구가 열릴 가능성, 심지어 판사가 마음을 바꿀지도 모른다는 불확실한 가능성에 의지해 버텼을 것이다. 불확정성에 기반한 가능성들이 모두 죄수에게 유리하게 작용하고 그에게 희망을 품을 이유를 준다. 그리고 이것들은 모두 '알고 있는 무지known unknown'에 해당한다. 하지만 오레야나는 예상조차 하지 못한 '알지 못한 무지unknown unknown'에 의해 풀려날지도 모른다.

항상 이렇게 미래에 대한 불확정성을 안고 살아야 할까? 그 위험을 어떻게든 줄여볼 수는 없을까? 더 바람직하게는 최선을 다해 노력함으로써 알지 못한 무지를 포함해 모든 불확정성을 제거하는 게 가능할까? 과학은 불확정성에 대해 뭐라고 말할까?

불확정성이 기본적인 물리적 성질인지 아닌지는 고대 그리스 이후로 수천 년간 인간이 생각해 온 질문이다. 그리스 철학자들은 자연법칙을 제대로 이해하지 못했으므로 이 질문에 확실하게 대답할 수 없었다. 중세 학자들도 어려워하긴 마찬가지였다. 페르시아 시인이자 천문학자인 우마르 하이얌Omar khayyam만큼 이 문제를 유창하고 명확하게 정의한 사람은 없다. 하이얌은 한 마법 같은 시에서 결정론을 불확정성에 반대되는 개념으로 요약했다.

"지상의 첫 흙으로 마지막 인간을 빚었고,
그러고는 마지막 수확의 씨앗을 뿌렸네.
실로 결산하는 날 마지막 새벽녘에 읽게 될 것은
창세의 첫 아침에 써두었던 것."

이 시는 결정론의 훌륭한 요약본으로, 최초의 순간이 마지막까지 모든 것을 결정한다는 의미다.

결정론의 가장 설득력 있는 예시를 뉴턴의 운동 법칙에서 찾을 수 있다. 이 법칙은 먼 미래에 행성들의 위치를 정확하게 예측해 결정론과 불확정성이 겨루는 논쟁을 해결할 듯 보였다. 불확정성이 기본적인 물리적 성질이라는 관념은 라플라스가 총명한 악마의 존재를 언급한 천재적인 사고실험을 고안하면서 더 희미해졌다. 맥스웰의 악마와는 또 다른 악마가 등장했다. "그러면 우리는 우주의 현재 상태를 과거 상태의 결과이자 앞으로 다가올 상태의 원인으로 간주해야 한다. 어느 한 시점에 자연에 생기를 불어넣는 모든 힘과 자연을 구성하는 독립체들의 다양한 위치를 숙지해야 하는 지적 존재라면, 더 나아가 그의 지능이 저 데이터들을 분석할 만큼 충분히 뛰어나다면, 우주에서 가장 큰 천체와 가장 가벼운 원자의 움직임을 모두 하나의 공식에 집어넣을 것이다. 그에게 불확실한 것은 없다. 과거는 물론이고 미래도 그의 눈앞에 존재한다."

이렇게 라플라스의 세계관이 자리를 잡았고, 그로부터 200년이 지난 후에야 물리학에서 일어난 혁명적 발견으로 세계를 보는 그림이 덜 결정론적이고 덜 역학적인 것으로 바뀌게 됐다. 말라비틀어진 옛 체계에 불꽃을 점화한 사람은 막스 플랑크다. 플랑크는 뉴턴과 뉴턴 이후 과학자들의 고전 물리학이 불가능함을 깨달았던 독일 물리학자다. 에너지는 항상 작지만 별개인 덩어리로 움직인다는 양자의 개념을 소개한 사람이기도 하다. 이 발견이 세계에 두루 미친 영향은 실로 막대하다.

그러나 모두 다 바뀐 건 아니었다. 세계를 추측하고 오직 실험을 통해 문제를 해결한 능력을 보면 이후의 양자 혁명 기간에도 과학의 방법은 살아남았고 더 강화됐다. 그리고 그 가치를 증명했다. 플랑크는 결정론과 불확정성에 대한 케케묵은 질문을 포함해 어떤 추측도 과학적 방법 위에 있지 않다고 못박았다. "처음부터 우리는 한 가지 아주 중요한 사실을 명확히 짚고 넘어가야 한다. 현실 세계를 인과 법칙이 지배한다는 주장의 타당성은 추상적인 추리를 바탕으로 결정할 수 없는 문제라는 데 있다."

플랑크의 생각을 진지하게 받아들인 하이젠베르크는 오늘날 '하이젠베르크의 불확정성 원리'로 잘 알려진 또 다른 사고 실험을 통해 미결정론을 증명했다. 라플라스의 악마처럼 우리가 단일 전자의 위치와 속도를 알고 싶다고 상상해 보자. 전자를 보려면 빛을 전자에 튕겨내어 현미경으로 반사된 빛을 감지해야 한다. 그러나 여기에 문제가 있다. 빛이 전자와 상호작용하는 도중에 그것을 밀어내는 바람에 현미경으로 보는 위치가 더 이상 정확하지 않기 때문이다. 설상가상으로 전자를 밀어내면서 임의의 속도까지 부여하므로 결국 위치도 속도도 모두 불확실해진다. 하이젠베르크는 도구가 아무리 섬세해도 위치와 속도를 동시에 알 수는 없다고 주장했다.

양자 세계가 불확실하다고 증명할 다른 두 가지 방법이 있다. 모두 하이젠베르크의 불확정성 원리에서 나온 것들이다. 첫 번째 방법을 알아보기 위해 우선 정확히 동일한 물리적 상태에 있는 다수의 전자 또는 원자를 준비했다고 가정한다. 이 말은 곧 각각에 대한 모든 측정치가 정확히 동일한 통계적 행동으로 이어진다는 뜻이다. 이제 이 전자들 중 임의로 절반을 선택해 정확한 위치를 측정하고, 나머지 절반은 속도를 측정했다고 해보자. 여기에서 흥미로운 점은 처음 절반의 위치가 정확히 측정될수록 나머지 절반의 운동량에 대한 측정값이 부정확해진다는 사실이다. 이번에도 하이젠베르크의 불확정성이다. 그러나 신기한 건 현재 두 반쪽들 사이에 상호작용이 없다는 것이다. 모두 처음부터 각각 따로 준비됐고, 측정 기간에도 서로 떨어져 있었다. 양자 불확정성은 하이젠베르크가 사고 실험에서 상상한 것보다 훨씬 오싹한 유령의 작용 같다. 그러나 상황은 더욱 으스스해진다.

두 번째 시나리오는 아인슈타인을 몹시 괴롭혔다. 그는 이 시나리오하에서 양자물리학이 자신이 아끼던 상대성 원리와 충돌한다고 생각했다. 이를테면 스핀 중인 전자처럼 두 개의 상태로 존재하는 간단한 양자 시스템을 상상해 보자. 전자는 회전하는 작은 팽이처럼 시계 방향이든 반시계 방향이든 스핀하고, 수평이든 수직이든 45도 각도든 어느 방향이든 가리킬 수 있다. 놀랍게도 이 전자 스핀을 연속해서 두 번 측정하면 이 측정치 사이의 상관관계는 고전물리학이 허용하는 상관관계를 초월할 수 있다.

서로 다른 시간에 측정된 스핀은 고전물리학에 의해 수평 방향이든 수직 방향이든 연관되는 게 허용된다. 첫 번째 측정이 '수평의 시계 방향' 스핀이었다면 두 번째 측정도 그리될 것이다. 그러나 진짜 전자의 스핀을 측정하면 수평 방향과 동시에 수직 방향으로 그리고 모든 방향으로 상관관계를 나타낸다. 이는 양자물리학이 전자가 시계 방향과 반시계 방향으로 동시에 회전하는 걸 허용하기 때문이다. 진짜 팽이도 이렇게 하지 못한다.

또한 두 전자의 스핀은 고전물리학이 허용하는 것보다 서로 더 연관됐다는 결론이 나온다. 이것이 바로 아인슈타인을 신경 쓰이게 한 지점이다. 양자 시스템 사이에 과도한 연관성이 나타나는 데다 계가 서로 얼마나 멀리 떨어져 있는지에 무관해 보이기 때문이다. 게다가 과도한 상관관계가 동시에 둘 사이에서 전달되는 것처럼 보여 결국 빛보다 빠른 것은 없다는 아인슈타인의 공리를 위반한다. 그가 '유령 같은 원격 작용'이라고 비웃었던 바로 그 효과다.

이 효과는 단순하고도 훌륭한 수학적 눈속임일 뿐만 아니라 여러 차례 실험실에서 관찰되고 검증돼 왔다. 물체와 사건 사이의 이러한 양자적 상관관계를 '얽힘'이라고 부른다. 양자물리학은 상호작용하는 모든 물체들이 서로 얽혀왔다고 규정한다. 사실 거의 모든 물질이 빛과 다른 장을 통해 서로 작용한다. 여기에서 우주의 아주 훌륭한 그림이 드러난다.

결정론이라는 개념 앞에서 사람들은 일반적인 양가감정을 보인다. 우리는 어느 수준까지 자신에게 '자유의지'가 있다고 느낀다. 적어도 자신의 행동 일부는 다양한 옵션을 고려한 끝에 내린 신중한 결정의 산물이라고 생각한다. 많은 사람이 심리학적으로 자신의 모든 행동이 전적으로 역사나 환경에 의해 결정된다는 가능성을 거부한다.

그러나 심리적으로는 반발할지 몰라도 결정론은 지적으로 아주 만족스러운 개념이다. 모든 일이 일어나는 데 이유가 있다는 뜻이기 때문이다. 독일의 철학자이자 수학자인 고트프리트 라이프니츠Gottfried Leibniz가 이것을 '충족이유율principle of sufficient reason'[•]이라고 불렀다. 양자 무작위성quantum randomness을 어떤 원인의 관점에서 설명할 수 없다면 그건 명백히 충족이유율을 위반한다. 즉, 이 우주에 꼭 그런 식으로 일어나야 할 이유는 없는 사건이 있다는 의미다. 기본적으로는 모든 양자 사건을 포함한다. 다시 말하면 양자 세계에서는 모든 일이 항상 그렇지 않을 수도 있다는 뜻이기 때문이다.

많은 사람이 이 견해를 신비주의로 보고 거부한다. 무작위성은 언제나 "왜 이것이 다른 방식으로 일어나지 않았을까"라는 질문을 유도한다. 그것에 대한 유일한 답변은 "원래 그러니까"이다. 우리의 이성은 이런 답변에 결코 만족하지 않는다. 사실 충족이유율은 탁월한 이성주의자였던 네덜란드 철학자 바뤼흐 스피노자Baruch Spinoza가 신이라는 존재가 기본적으로 모든 원인의 총합으로 군림하는, 완벽하게 결정론적인 우주를 주장하기 위해 사용한 것이다. 여기에서 우주는 한 방식으로만 구성될 수 있고, 신에게도 선택권이 없다. 신조차 완전한 결정론적 논리에 묶여 있다.

현실이라는 그림 안에서 무작위성과 결정론은 오랫동안

• 존재하는 모든 것에 존재 이유와 근거가 충분하다는 원리.

둘 다 진리일 수는 없는 것으로 여겨졌다. 그러나 지금 양자물리학은 무작위성과 결정론을 둘 다 아우를 수 있는 재밌는 대안을 제시한다. 양자물리학은 우주 전체 수준에서 결정론을 제시한다. 반면에 우주의 하위 시스템은 여전히 근본적으로 무작위적임을 암시한다!

물론 그럴 가능성은 별로 없어 보이지만, 만약 양자물리학이 우주에 적용된다면 우주는 온전히 결정론적으로 진화한 거대한 얽힘 상태에 있게 된다. 그러나 개별 물체나 우주의 일부에서는 근본적인 불확정성이 살아남는다. 한 물체가 다른 물체와 얽히면 불확정성이 생성된다. 그건 정부가 어떤 은행을 구제할지의 여부처럼 불완전한 지식에서 비롯한 고전물리학의 불확정성을 뜻하는 게 아니라 하이젠베르크가 근본적인 수준에서 묘사한 양자적 불확정성으로서 물질의 물리적 상호작용에서 비롯한다. 우주 안에서는 불확정성으로부터 벗어날 방법은 없는 것 같다. 우주를 결정론적으로 지각하려면 우주의 밖에 있어야 하기 때문이다.

그리고 얽힘은 양자 우주에서 불확정성으로 가는 유일한 길이다. 동전을 던졌을 때 앞쪽이 나올 확률처럼 우리가 고전적으로 인식한 확률은 사실 근본적으로 양자 얽힘 때문이라는 뜻이다. 그건 날씨나 주식 시장을 예측할 때 마주치는 무작위성도 마찬가지다. 명백하게 고전물리학의 무작위성으로 보이는 모든 것이 기본적으로는 환경과의 양자 얽힘에서 기인한다.

여기에서 얻을 수 있는 한 가지 추가적인 이점은 우주의 엔트로피, 즉 전반적인 무질서도를 정량하는 엔트로피가 0이 될 수 있다는 사실이다. 이 그림에서 우주는 완벽하게 결정론적 상태이기 때문이다. 반면 우주 안에서는 열역학 제2법칙에 따라 하위 지역의 엔트로피가 증가하는 걸 인식할 수 있다.

흥미롭게도 이는 '존재하기 위해 달리 필요한 것이 없는' 우주의 최신 그림에 잘 들어맞는다. 최근 측정한 바에 따르면 우주는 총체적으로 에너지, 전하, 각운동량이 모두 0이다. 에너지가 0이라는 건 물질에서 비롯한 모든 에너지가 음의 부호를 달고 있는 동일한 양의 중력 에너지에 의해 상쇄된다는 뜻이다. 부분적으로 에너지가 0이 아닌 지역도 있지만, 전체적으로 봤을 때 이 그림에서는 없다. 전하가 0이라는 말은 양의 전하와 음의 전하가 동일한 양으로 존재하고, 하나가 생성될 때는 반드시 다른 하나가 함께 생성된다는 의미다.

부분적으로 음의 전하를 띠는 지역이 있겠지만, 그건 어딘가에 있는 동일한 양의 전하에 의해 상쇄된다. 각운동이 0이라는 말은 우주가 순수한 회전 상태가 아니라는 의미다. 우리 자신도 스스로 회전할 수 있지만, 그때 지구는 우리와 반대 방향으로 회전한다. 하지만 지구는 우리보다 훨씬 거대하니까 아주 살짝만 회전할 뿐이다. 이제는 같은 논리를 엔트로피에도 적용할 수 있는 것처럼 보인다.

그리스 철학자 에피쿠로스Epicurus라면 이런 그림을 보며 매우 기뻐할 것이다. 그는 "무에서 유를 창조할 수 없다"라고 주장했다. 이런 관점은 우주 생성론에 대한 바티칸의 공식 입장과 상반되지만, 현대물리학과는 전적으로 일치한다. 특정 지역 안에서는 물질, 전하, 운동, 엔트로피, 불확정성 등이 존재하지만, 전체적으로 보면 이 중 어느 것도 존재하지 않고 존재하지 않을 것이며 존재한 적도 없다.

양자물리학에서 새로움은 자연스럽게 발생한다. 자유롭기 때문이다. 이것이 우리가 생명의 기원을 이해하는 방식에 영향을 줄까? 미결정론이 생명에 필요할까?

생명이 없는 물질이 생명체가 되는 과정은 과학에서 가장 심오한 미스터리 중 하나다. 그것이 불가사의의 영역에 머무는 한 대환원은 일어날 수 없다. 모든 자연과학을 통합할 수 없다는 말이다. 어쩌면 이게 우리의 답일지도 모른다. '적자생존'이라는 두 번째 전제는 허버트 스펜서Herbert Spencer가 다윈의 이론을 읽은 후 만든 용어다. 이는 생명체를 만들 때 필요한 생물학적 청사진이 포함된 DNA를 복제하는 과정에서 예측할 수 없는 돌연변이를 겪는다는 뜻이다. 그 복제 과정에는 일말의 불확정성이 반드시 존재한다. 이 불확정성이 진정으로 불확실하기 위해 양자역학이 필요한 것일까? 어쩌면 진화의 두 번째 측면은 양자물리학이 없다면 아예 가능하지도 않았을 것이다.

전자 스핀이 초기의 중첩 상태에서 진화할 때 마지막 단계에 존재하는 불확정성은 진정한 무작위적 현상이며, 양자물리학의 기계를 모두 사용해 계산할 수 있는 최선은 고작 일이 일어날 가능성인 확률이다.

이런 무작위성은 한 시스템에 관한 지식이 아무리 상세해도 그걸로 이 시스템이 진화하게 될 마지막 상태가 무엇인지 확신 있게 예측할 수 없다는 근본적인 무지다. 우리는 유전자 돌연변이에서 비슷한 시나리오를 합리적으로 예측할 수 있다. DNA 복제의 화학에는 전자와 원자의 교환이 포함된다. 둘 다 양자 중첩이 되기 쉬운 양자 물체로서 새로운 화학 결합을 생성하는 물리 상태로 진화한다. 언젠가 특정 결합의 형성 가능성이 더 큰 이유를 예측할 날이 올지도 모르지만, 양자물리학은 우리가 결합을 확신할 수 없음을 뜻하고 그래서 유전자 돌연변이의 결과에 약간의 무작위성을 보장한다.

앞에서 살펴봤듯이 화학 결합의 불확정성 또는 기타 다른 불확정성은 이 결합을 형성하는 원자와 환경 사이의 얽힘 현상으로 볼 수 있다. 물리 과정에 내포된 고도의 상호작용 성질로 인해 모든 부분이 근본적으로 무작위가 되는 중요한 결과와 얽히기 때문이다.

불확정성이 왜 중요한지 보기 위해 무작위적인 돌연변이가 각각 다른 성공 확률을 가진 도박 전략이라고 상상해 보자. 그렇다면 진화는 개체와 환경의 내기 도박과 같다. 진화적 관점에서 이익을 얻는다는 것은 환경에 상관없이 번식한다는 의미이고, 게임에서 진다는 것은 생명이 끝난다는 뜻이다. 즉, 개체는 자신의 복제품을 생산한다. 그러나 그 복제품은 무작위적으로 일어나는 돌연변이 때문에 조금씩 다르다. 이것이 진화라는 게임이 진행되는 방식이다.

새로운 개체의 특성들이 돌연변이에 의해 미세하게 바뀌

고 나면 환경을 통해 시험을 받는다. 생산되는 개체 수는 도박 전략에 따라 결정된다. 새로 태어난 모든 개체는 먹이를 먹이고 양육해야 한다. 그리고 유한한 자원을 가지고 자원이 허락하는 만큼 복제품을 생산해야 한다. 그런 다음 새로운 개체는 진화의 테스트를 통과해 수를 불리거나 실패해 죽는다. 살아남은 놈들의 전략이 환경에 더 잘 맞기 때문에 더 많은 이익이 돌아가는 건 분명하다. 그러나 살아남지 못한 모든 개체는 희생을 감수해야 한다.

여기에도 조건이 있다. 생명체의 수익성이 높아질수록 환경의 수익성은 떨어진다는 사실이다. 자원이 줄어들면서 환경이 변하면, 생물은 번식하기가 녹록지 않다는 사실을 알면서도 변화하는 환경에 빨리 적응하지 못할지도 모른다. 그래서 개체와 환경 사이의 군비 경쟁이 계속된다. 우리를 둘러싼 모든 생물 다양성을 끌어낸 생물들의 호황과 불황이다.

양자적으로 설명할 수 있는 진정한 의외성이 없다면 인간을 존재하게 한 호황과 불황의 진화적 주기를 추진한 핵심 자원의 하나가 사라질 것이다. 고약한 의외성도 똑같이 타당하다. 우리는 오레야나처럼 인류가 자신의 이익을 추구하는 데 과도하게 성공했을 때 자신의 운이 다했음을 발견하게 될 것이다. 또는 월리스의 이야기로 돌아가 부를 추구함으로써 '한층 높은 생각'을 하지 못하게 된다. 어쩌면 무작위성이야말로 진화의 결정적인 전략인지도 모르겠다.

그러나 무작위성이란 생명계에는 중요할 수도 있고 아닐 수도 있는 반면, 생명이 없는 물체에는 분명히 중요한 문제다. 그리고 이것은 다음과 같은 질문을 유도한다. 생명과 무생물의 차이가 무엇인가? 이 간극을 어떻게 설명할 것인가?

나는 몇몇 현명한 사상가들을 초대해 이 주제에 대한 그들의 생각을 공유할까 한다. 가장 먼저 이스라엘 화학자 애디 프로스Addy Pross다. 그는 살아 있는 분자와 살아 있지 않은 분자를 구분하는 선이 실제로 그리 또렷하지 않다고 믿는다. "우리는 이제 다윈의 진화와 비슷한 메커니즘이 실제로 처음엔 무생물, 심지어 단일 분자에 작용한다는 사실을 안다. RNA 분자가 모인 개체군에 적당한 화학적 건축 재료를 제공하고 알맞은 조건을 맞춰주면 스스로 복제하기 시작할 것이다. 게다가 시간이 지나면서 그 개체군이 진화하는 것을 보게 될 것이다. 느린 복제자들은 빠른 복제자들에게 자리를 내어준다." RNA는 어떤 의미에서도 살아 있는 물질이 아니지만, 적어도 진화의 대상이 된다. 우리는 여기서 살아 있는 물질과 죽은 물질 사이의 첫 번째 교량을 발견했다.

프로스의 두 번째 주장이 훨씬 중요하다. 진화는 식별할 수 있는 추진력, 즉 방향성이라고 표현해도 좋을 성향을 나타낸다. 이러한 '목적론적' 경향은 화학적 단계와 생물학적 단계에서 모두 작용한다. 다시 말해 진화는 우리가 생명의 기원이라고 생각하는 사건이 일어나는 도중이나 그 후에 작동한다. 따라서 생명의 목적지향적 성격은 그것이 생물학을 나머지 자연과 구분하는 것처럼 보이게 하는 이유인데도 결국 생명만이 가진 고유한 것은 아님이 드러난다. 생명의 시작은 증식과 진화가 일어나는 특정 무생물계에서도 이미 식별할 수 있다. 이런 방향성은 엄격한 물리적 용어로 기술할 수 있다. 이는 간단히 말하면 안정성을 지향하는 자연의 경향으로 생물학 못지않게 물리학에서도 흔히 볼 수 있다.

이와는 상반되는 견해를 가진 학파가 양자물리학의 대부인 닐스 보어로부터 시작된다. 보어는 1932년에 진행된 "빛과 생명" 강연에서 생명을 이해한답시고 생체 내에서 생명을 탐사하는 일은 이론적으로 불가능하다고 주장했다. 그의 말을 빌리면 "생명의 존재는 설명할 수 없는 가장 기본적인 사실로 받아들여야 한다". "고전역학의 관점에서는 비이성적 요소로 보이는" 플랑크 상수가 더 이상 환원할 수 없는 원자론의 근간을 이루는 것처럼, 생명체도 생물학에서 달리 설명할 수 없는 출발점으로 간주돼야 한다. 보어의 견해는 굉장히 비관적이지만, 많은 사람이 과학의 영역을 통일할 수 있다는 큰 희망을 품고 있었다.

슈뢰딩거 역시 생명체는 자유 에너지, 즉 유용한 일을 할 수 있는 에너지의 극대화를 추구한다는 생각을 강조했다. 이는 생물이 평형 상태에서 멀어지고 싶어 한다는 걸 다른 방식으로 표현한 것이다. 예를 들어 바위는 내버려두면 늘 그대로 있을 뿐 스스로 유용한 일을 하려고 들지 않는다.

공리 하나를 말해보겠다. 변하지 않는 것은 변하지 않고, 변하는 것은 변하지 않는 것으로 변할 때까지 변한다. 당연히 논리적으로도 옳고 '1 더하기 1은 2'만큼이나 진실성 있는 주장이다. 그리고 이 공리는 세상이 돌아가는 모습을 놀랍도록 잘 예측한다고 밝혀졌다. 만약 변하는 모든 것이 변하지 않는 것으로 변할 수 있다면, 마침내 언젠가는 변하는 것들이 모두 변하지 않는 것으로 변한다고 예상해야 한다.

과학과 과학 사이의 구분이 사라지고 있다. 자연은 학문의 경계를 인지하지 않는다. 그리고 깊이 이해할수록 별개로 보이는 이 전통적인 과학의 영역에서 공통점을 찾는다. 그러나 저항은 여전히 남아 있다.

물리학은 물질과 에너지의 기본 특성과 그것들이 상호작용하는 방식을 다룬다. 화학은 원자가 서로 합쳐져 복잡한 분자를 형성하는 과정과 그 과정이 결과물에 미치는 영향과 관련 있다. 둘 사이의 공통점은 무생물을 연구한다는 점이다.

한편 생물학은 살아 있는 생물을 연구한다. 그리고 여기에서 우리는 모든 자연과학을 일관성 있는 하나의 전체로 볼 때 만나게 될 가장 큰 장애물과 마주친다. 무생물은 자연의 법칙을 예외 없이 엄격히 지킨다. 이와 대조적으로 살아 있는 것에게는 의지라는 게 있는 듯하다. 아마도 생물은 목적성purposiveness이란 말로 가장 잘 이해되고 가장 잘 정의될 수 있을 것이다. 생물에는 의제가 있고, 자연의 법칙을 위반하지 않는 가운데에서도 분명 목적을 실현하기 위해 자연을 최대로 활용할 수 있다. 무생물은 그렇지 않다.

나는 생명계가 생존 확률을 높이기 위해 양자물리학의 이상한 측면을 이용할 수 있는지를 묻는 게 아니다. 이 질문에 대한 가장 간단한 대답은 "네, 그런 것처럼 보입니다"이다. 가장 희한한 양자 효과인 양자 얽힘조차도 광합성을 하는 식물들이 빛 에너지를 가장 효율적인 경로로 에너지 생산 부위까지 전달하기 위해 사용한다는 증거가 있다. 그리고 앞에서 논의했듯이 어떤 새들은 장거리 이동 중에 양자 효과를 사용해 지구의 자기장을 감지한다고들 한다. 양자물리학이 생명계에 부여하는 효율성의 이점 덕분에 생물체는 동시에 여러 과제를 수행할 수 있다. 이는 컴퓨터 과학자들이 병렬 정보처리라고 부르는 것이다. 그러나 양자물리학의 레퍼토리 전체가 식물과 새처럼 거시적이고 따뜻하고 습하고 시끄러운 환경에서 살아남을 거라고 기대하는 사람은 없다.

하지만 이건 생물학을 물리학으로 환원하려는 시도와는 거의 상관이 없다. 생명체가 고전역학과 중력도 이용한다고 해서 고전역학과 중력으로 생명의 진화를 설명할 수 있는 건 아닌 것과 같다. 생명체가 모든 물리 법칙에 순응하더라도 여전히 생명을 설명하려면 물리학 외에 다른 원리를 추가해야 할지도 모른다. 사실 대부분의 생물학자들은 생물이 모든 물리 법칙에 잘 따른다는 측면에서 실제로 물리 법칙과 양립한다는 데 동의할 것이다. 생명체는 물리학을 이용할 뿐만 아니라 물리학의 영향을 받기도 한다. 분명 환경은 물리학을 통해 생물에게 영향을 준다. 우리는 물리학을 '이용하고', 물리학에 '영향을 받는' 문제를 넘어서 더욱 근본적인 관계의 가능성을 생각해도 좋은지를 알고 싶어 한다.

여기에서는 생물학의 중심 기둥 중 하나인 진화가 전적으로 물리학의 결과인지가 문제다. 특히 우리가 원자와 분자에 관해 아는 바를 모두 설명하는 양자물리학의 결과인가?

다시 프로스로 돌아가자. 물리학에서 생물학을 도출하기 위해 애쓴 그는 무생물이 엔트로피를 최대로 늘리면서 열역학에 순응하는 것처럼 생명체는 프로스가 '동역학적 안정성 kinetic stability'이라고 부른 상태를 최대화하기 위해 애쓴다고 했다. 엔트로피 생산을 최대로 늘리는 것과는 다른 의미다. 그보다는 모든 무생물이 열역학 제2법칙에 따라 변함없이 그러하듯, 생명계는 정적 평형이라는 수동적 상태에 도달하는 것에 더 가까운 동역학적 안정 상태를 이룬다. 그러나 생물은 그러한 상태를 유지하기 위해 계속해서 일해야 한다. 동역학적 안정 상태는 취약하고, 또 지속적인 재건이 필요하다. 새가 공중의 한자리에 계속 떠 있으려고 날개를 퍼덕이는 모습을 상상해 보자. 세심하게 균형을 맞추다 보면, 분명 동적 상태이면서도 여전히 정적인 결과를 낳는다.

프로스가 옳다면 우리는 생물의 진화가 가진 주요 특징을 화학에 환원할 재료를 갖춘 셈이다. 그리고 화학은 양자물리학으로 환원할 수 있으므로 생물학에서 양자물리학까지 갈 수 있다는 전망이 생긴다. 이것은 위대한 성취다. 그러나 다른 위대한 업적처럼 이것 역시 의문을 제기한다.

우리는 무생물계로부터 생명계를 구분하는 특징이 목적의식이라는 말로 시작했다. 생물학을 양자물리학으로 환원할 수 있는 반면, 원자나 분자 같은 전형적인 양자 물체에서 목적의식을 찾을 수 없다면 그 전이 과정은 대체 어디에서 일어나는 걸까? 동역학적 안정 상태를 이루려는 '욕동'이 어디에서 시작됐느냐는 말이다. 이 질문이 우리를 출발점으로 되돌아가게 한다. 그냥 목적성이 한낱 환상에 불과하다고 결론짓는 것도 쉬운 방법이다. 아마 프로스는 화학이 꽤나 복잡해질 때 발생하는 응급 특성이라고 말할 것이다. 그러나 목적의식이 애초에 생명을 식별하는 방법이라는 점을 고려한다면 우리는 그것을 너무 쉽게 거부하게 될 결론에 저항해야 할 것이다.

이러한 쟁점에 대해 가장 흥미로운 발전을 이룬 학자가 제러미 잉글랜드Jeremy England다. 그는 생명계를 모노가 '살아 있는 맥스웰의 악마'라고 말한 정교한 엔진으로 본 볼츠만과 슈뢰딩거의 생각을 받아들였다. 그 기관은 환경으로부터 유용한 에너지를 취해 유용한 일로 변환시키는 작업을 무생물보다 월등하게 잘해낸다. 이에 지불해야 하는 대가는 환경에서 발생하는 열이다.

잉글랜드는 열역학을 사용해 생물 진화의 수학적 법칙을 정리했다. 나로서는 진화의 물리적 이론을 세우려는 사람을 가장 가까이서 본 셈이다. 나는 그와 같은 이론이 생물학을 물리학이나 화학 같은 물리적 과학에 더 근접하게 만든다고 믿는다. 과연 그러한 접근법은 생명계가 처음에 왜 죽은 우주로부터 나타났는지를 어떻게 알려줄까?

그 답은 아마도 생명이 열역학적으로 불가피한 현상이라는 것일지 모른다. 열역학 법칙은 일단 무생물에 적용되고 나면 에너지를 좀 더 잘 활용하는 사용자로서 생명계가 진화하도록 자연스럽게 압력을 가할 것이다. 잉글랜드는 볼츠만으로 시작한 오랜 이야기 중에서 가장 최근에 나타난 인물이다. 만약 열역학이 생명에 필수적이라면 우리는 열역학적 관점을 좀 더 심각하게 받아들여야 한다. 그 결과로 양자 중력의 간극을 새로운 눈으로 보게 될 것이다.

나는 이런 문제들에 대해 최후의 답변이 있는 것처럼 행동하고 싶지 않다. 땅 위를 날아다니며 모든 것을 우리의 깔끔한 그림에 맞추기는 쉽다. 그러나 자연과학, 특히 양자생물학의 경계를 넘나드는 분야에서 발전의 속도를 보면 조만간 그 답을 얻게 되리라고 낙관하게 된다. 어쨌든 나는 거기에 반대하지 않을 생각이다. 하지만 현재로서는 좀 더 깊이 파고들 수밖에 없다.

비행기가 곧 착륙할 것 같으니 이만 정리하는 게 좋겠다. 우리는 자연과학들 사이에 일부 존재하는 꽤 큰 간극을 지나왔다. 그리고 만약 간극에 다리를 놓을 유일한 방법이 보편적인 튜링 기계로 컴퓨터 시뮬레이션을 하는 것이라면 그 간극은 근본적일 수 있음을 확인했다. 그러나 만약 홀팅 장벽이라는 것이 있다면 그 장벽을 마주치기 전에 연결해야 할 것들이 많다. 한 낙천적인 과학자와 우리 모두는 이런 점에서 물리학, 화학 그리고 생물학 사이의 간극에 다리를 놓기 위해 계속해서 노력할 것이다.

옥스퍼드 만찬에 참석한 몇몇 중요한 손님들의 이야기 중에 아직 언급하지 못한 게 있다. 다음 주식 시장 붕괴 시점을 예측해 달라는 정부의 요청에 절망하던 굵은 목소리의 경제학자와 집단이나 국가 수준에서 인류의 행동을 설명하고자 애쓰던 사회과학자가 남았다. 모두 현재 화두가 될 만한 주제들이고 미래의 다음 장을 이해하고 싶다면 더군다나 필수적이다. 그리고 가장 낙관적인 연구자들도 자연과학과 사회과학 사이의 간극은 과학의 영역을 넘어선다고 느낄지도 모른다. 원자와 분자와 세포를 이해한 것처럼 금융 거래나 사회적 유행을 이해할 수 있을까?

이 책을 크게 둘로 나누고 있는 자연과학과 사회과학 사이에 다리를 놓기 위해 나는 내가 예전에 생각한 적이 있는 한 대화를 공유하고 싶다. 이 대화에서는 세 명의 인물이 등장해 양자물리학, 컴퓨터과학, 생물학, 철학, 정치학, 경제학의 서로 다른 여섯 개 분야를 아우른다. 자연과학과 사회과학으로 이동하기 위해 이들을 만나보기 바란다.

- 데이비드 배비지David Babbage는 이론물리학자이며 컴퓨팅에 대한 양자적 관점을 주장하지만 생물학은 잘 모른다.
- 마거릿 리카르도Margaret Ricardo는 사회학자이며 생물학에 미치는 양자의 영향에 대해서 대체로 중립적이다.
- 심플리시오 스미스Simplicio Smith는 실험물리학자이며 고전물리학의 추종자다.

리카르도 최근 양자생물학에 대해 좀 많이 읽은 편인데요, 과연 양자 효과가 생물학적 과정에 영향을 주는지를 두고 논란이 많은 것 같더군요.

스미스 그게 그렇게 논란이 될 만한 일은 아닌데 말이죠. 생물학적 시스템은 크고, 따뜻하고 습하죠. 그러니까 고전물리학의 세계죠.

리카르도 음, 정말 궁금하네요. 대중지에서 고온 초전도성에 관해 꽤 많이 읽었거든요. 이 초전도체는 일반적 의미에서 습하지는 않지만 실제로 온도가 150켈빈 정도 될 때 양자적으로 행동하는 큰 물체 아닌가요? 연구자 중 한 사람이 고온 초전도체에 있는 모든 전자는 서로 얽혀 있어서 소음의 영향을 받지 않는다고 했어요. 전자들이 '양자 보호국' 안에 살고 있다고 말했던 것 같아요. 표현이 근사하죠. 하지만 배비지, 당신이 이런 종류에 관해서는 훨씬 잘 알지 않아요?

배비지 글쎄요, 사실 저는 계획적으로 설계된 인간 정보 처리 과정에서 양자역학의 역할을 주로 다루었지, 자연적으로 진화한 정보 처리 과정에 대해서는 별로 생각해 본 적이 없습니다.

리카르도 아, 양자 컴퓨터! 그거에 대해서도 읽어봤어요. 아주 흥미롭더군요.

배비지 네, 정말 대단하죠. 우리는 양자 컴퓨터가 제 능력을 완전히 발휘하려면 양자 결맞음quantum coherence이 아주 중요하다고 확신합니다.

스미스 그로버 검색 알고리즘과 쇼어 알고리즘 같은 가장 중요한 양자 연산은 실제로 고전 파동으로 이뤄지기 때문에 양자물리학이 필요 없다고 생각합니다. 결국 방금 언급하신 결맞음이라는 용어도 고전물리학의 파동 이론에서 기원했으니까요. 이 실험은 연구진이 회절격자와 고전역학의 빛만 사용해 검색 알고리즘을 수행한 걸로 기억합니다.

배비지 고전역학의 빛요? 그 말에 어폐가 있다고 생각하지만 일단은 넘어갑시다. 고전역학적으로 연산을 수행하는 게 가능하긴 하지만 양자가 아니기 때문에 대가를 지급해야 합니다. 방금 제시하신 예에서 격자에 필요한 슬릿의 수는 데이터베이스 요소의 수와 같습니다. 하지만 양자비트를 사용한다면 데이터베이스를 저장하기 위해 필요한 건 그것의 로그값 정도일 거예요.

그래서 양자 컴퓨터가 더 효율적이라고 하는 거죠.

리카르도 양자 결맞음과 관련이 있다고 말씀하신 것 같은데요, 양자비트로 인코딩하는 게 그렇게 중요한가요?

스미스 그건 아니라고 봅니다. 저는 고전적인 비트로 데이터베이스를 인코딩할 수 있는데, 그렇게 해도 여전히 회절격자보다는 월등하거든요.

배비지 잠깐만요. 너무 서두르지 맙시다. 지금 뭔가 혼동하신 것 같습니다. 효율성을 논할 때는 최적화하려는 자원에 대해 신중하게 말해야 합니다. 가장 분명한 게 시간이죠. 빨리 계산할수록 좋으니까요. 공간도 있습니다. 바꿔 말하면 컴퓨터 메모리의 크기죠. 그다음에는 총에너지 지출이나 정확도 등을 최적화하고 싶어 합니다. 고전적인 비트로 인코딩하면 메모리 필요량을 줄일 수 있는 게 맞습니다. 하지만 시간 측면에서는 굉장히 비효율적이죠.

스미스 유감이지만 이번에도 동의하지 못하겠네요. 검색은 단일 원자로 데이터베이스를 인코딩해도 효율성이 좋습니다. 그래서 그건 얽힘 때문일 수 없어요. 잘 아시잖아요.

배비지 그렇게 자세한 기술적 문제로까지 들어가고 싶지는 않아요. 리카르도는 물리학자가 아니니 이런 걸로 지루하게 만들고 싶지 않습니다.

리카르도 아니에요, 계속하세요. 저 때문에 말씀을 그만두실 건 없어요. 전 과학자는 아니지만 이 분야에 관해 항상 관심 있게 보고 있거든요. 저 나름대로 아마추어 과학자 아니면 아마추어 양자물리학자랍니다.

배비지 그러시다면, 좋습니다. 그건 모두 얽힘을 어떻게 정의하느냐에 따라 달라집니다. 얽힘을 정의할 때 물체를 분리해야 한다면 원자는 자격이 없습니다. 하지만 서로 다른 두 하위 시스템을 정의해야 하는 상황이라면 원자가 적합하죠. 안전하게 말하면 양자 결맞음이 필요하다고 봅니다. 그래서 양자 결맞음이 아주 중요하다고 말씀드린 거였어요.

스미스 알겠습니다. 하지만 그게 바로 제가 반대하는 부분입니다. 저는 고전역학의 파동만 가지고는 효율적으로 연산할 수 없다는 주장에 동의하지 않거든요.

배비지 확실한 증거가 없는 건 사실입니다. 사실 확실한 증거라는 게 가능한지도 잘 모르겠군요. 하지만 데이터베이스로서의 원자로 돌아가면, 그와 연관된 또 다른 비효율적 측면이 있습니다. 이유는 모르겠지만 문헌에서는 잘 다뤄지지 않았더라고요. 만약 각 수준이 한 데이터베이스 요소에 상응한다면, 데이터베이스 인코딩의 비효율성을 두고 엄청난 문제에 봉착하게 됩니다. 고전 격자의 사례에서처럼요.

스미스　제가 잠시 끼어들어야겠군요. 원자 수준에서는 일정한 간격을 둘 필요가 없습니다. 사실 현실에서도 그렇지 않지만요. 그래서 작은 공간에도 얼마든지 구겨 넣을 수 있어요. 분명 메모리 면에서는 효율적입니다.

배비지　아닌 것 같은데요. 어떤 수준에서는 간격이 너무 비좁으면 우리 실험에서는 그것들을 분해하는 어려움이 있습니다. 그래서 공간 측면에서는 효율적일지 모르지만 판독이 어려워지는 거죠. 다시 말해 정확도의 비용이 폭발하게 됩니다.

리카르도　점점 재밌어지는데요? 진퇴양난의 상황이 되기 시작했어요.

배비지　저라면 머피의 법칙이라고 부르겠습니다. 제가 볼 때는 자원들 사이에 항상 균형이 이뤄져야 하니까요. 하나를 최적화하면 다른 하나는 만족스럽지 못하게 되죠. 완벽하게 효율적으로 되려면 큐비트로 인코딩하고 그사이에 무한대의 양자 결맞음을 허용하는 방법밖에 없습니다. 아까 말한 것처럼 공식적으로 증명할 수는 없습니다. 아직은요.

스미스 여기까지 하죠. 그건 그렇고 아까 고전역학적 빛이라는 표현이 마음에 안 드시는 것 같던데요? 어떤 문제가 있는 거죠?

배비지 문제라면, 고전역학에서는 빛 자체가 없다는 거죠. 빛은 모두 실제로 양자거든요. 고전적인 빛이라는 건 광선에 존재하는 많은 수의 광자를 말할 때 사용하는 근사치일 뿐이에요. 여기에서 또 한 가지 짚고 넘어갈 게 생깁니다. 다수의 광자라는 말이요. 광자의 수를 최적화하고자 한다면, 즉 결국 에너지를 최적화한다는 것과 같으므로 고전역학적 빛은 피하는 게 좋을 겁니다.

스미스 고전적인 빛이 훨씬 생산하기 쉽습니다. 항상 우리 주위에 있으니까요. 단일 광자를 만드는 건 정말 어려워요. 그게 아니더라도 전 여전히 고전물리학으로도 양자 연산에 견줄 만하고 또 그게 자원을 오용하지 않는다고 생각합니다. 저한테는 고전물리학으로도 충분하거든요. 부조화는 얽힘보다는 고전적 상관관계에 더 가까우니까요.

배비지 어떻게 더 가깝다는 말씀이신지요? 어떤 측면에서요?

스미스 그건 벨 부등식을 위반하지 않습니다. 비국소성도 없고, 부조화를 설명하기 위해 '유령의 원격 작용'을 필요로 하는 것도 아니니까요.

리카르도 부조화가 유령의 원격 작용이 아니라고요? 제가 제대로 이해한 게 맞나요?

배비지 네, 맞습니다. 여기에 모순은 없어요. 그걸 당신의, 그러니까 실제로는 아인슈타인의 언어로 표현할 때 유령의 원격 작용은 연산의 효율성과는 관련이 없습니다. 어쨌거나 스미스, 전 비국소성이라는 말이 별로 좋지 않네요. 왜냐하면 양자역학은 국소적 이론이니까요. 그건 특수상대성 이론을 받아들이도록 만들 수 있고, 또 얽힘 상태에서조차 빛보다 빠르게 정보를 보낼 수 있는 건 없으니까요.

리카르도 정말이에요? 그럼 아인슈타인은 왜 걱정을 한 거죠?

배비지 아인슈타인이 걱정한 건, 그렇게 되면 세상에는 진정한 무작위적 요소들이 있다고 암시하는 셈인데, 아인슈타인은 비국소성 못지않게 무작위성을 싫어했거든요. 얽힘은 우리가 국소성을 포기하든지, 현실을 포기하게 강요합니다. 양자 미결정론은 우리가 측정하기 전에는 사물이 존재하지 않는다는 뜻이기 때문이에요. 아인슈타인은 양자물리학으로는 자신이 진퇴양난에 처하게 된다고 느꼈어요.

스미스 맞아요. 좋아요, 배비지. 리카르도, 대중 과학에 관해 많이 읽으시는 건 알겠지만 지금 논의는 출발점에서 자꾸 멀어지는 것 같네요. 저는 앞에서 생물학적 시스템이 크고 따뜻하고 습하다는 이유로 고전적이라고 말했습니다. 양자 연산과는 상관없고 더군다나 비국소성과는 확실히 상관이 없죠. 저는 여전히 이 점을 주장합니다. 최근에 생물학적 과정에 대한 모델을 많이 세워봤는데, 양자물리학 없이도 완전히 실험이 가능했습니다.

리카르도 정말로요? 원소의 주기율표는 양자물리학이 없으면 이해할 수 없다고 읽었는걸요. 생물학은 화학 작용을 통해 보이고, 제가 아는 한 그건 원자들의 작용이니까 생물학도 양자물리학에 의존한다고 생각했어요.

배비지 (웃음)

스미스 네, 그렇죠. 하지만 전 그걸 양자물리학의 '명백한' 역할이라고 부르겠습니다. 물질의 안정성이 양자물리학에 달려 있다는 건 모두가 알고 있습니다. 원자나 분자는 고전물리학에서는 존재할 수 없죠. 말 그대로 붕괴해 버릴 테니까요. 그건 당연하게 여기시더라도 양자 결맞음, 얽힘 등의 다른 거창한 효과들은 전혀 필요하지 않습니다.

리카르도 재밌네요. 제가 며칠 전에 〈데일리 메일〉에서 읽은 내용과는 달라요. 기사에서는 케임브리지와 홍콩 등지에서 많은 과학자가 새, 그러니까 유럽울새였던 것 같은데, 그 새가 양자 얽힘을 이용해 아프리카까지 이동한다고 주장했어요. 그걸 읽고 충격도 받고 아주 흥분했던 기억이 나네요.

스미스 네, 맞습니다. 이론물리학자들이 단체로 떠드는 소리죠. 아시다시피 이 사람들은 뭐든지 증명할 수 있어요. 특히 사실이 아닌 것들도요.

배비지 흠, 저 아직 여기에 있습니다.

리카르도 아니, 아니에요. 그렇게 언급한 실험이 분명히 있었는데요.

스미스 글쎄요, 그건 모두 정황 증거에 불과하다고 확신합니다. 이런 실험은 오류가 많을 뿐만 아니라 결론을 확실히 내리지도 않습니다. 그건 그렇고 그게 얽힘과 어떻게 상관이 있는 거죠?

리카르도 아, 기억이 안 나네요. 배비지?

배비지 저도 안 납니다. 하지만 괜찮으시다면 한번 추론을 해 볼 수….

스미스 이거 보세요. 이론가들이 상상해 낼 수 있는 게 어떤 건지 아시겠죠?

배비지 방금 하신 말씀은 듣지 않은 걸로 하겠습니다. 저는 반응의 결과물이 실험에 사용된 두 전자 사이에 생긴 얽힘의 속성 변화로 영향을 받는 화학 실험에 익숙합니다. 그것들은 서로 다른 두 상태에 있을 수도 있고, 그 두 상태가 서로 다른 화학적 산물을 만들어내기도 하죠. 그 실험의 요점은 외부 자기장을 적용해 서로 다른 상태의 비율을 만들고 그렇게 해서 화학 반응의 결과물에 영향을 준다는 겁니다.

스미스 거기까지만요. 분명 전자 얽힘이 중요하다고 보시진 않는군요. 그거야말로 제가 명백한 양자 효과라고 부를 만한 겁니다. 결국 전자는 초기에 동일한 상태를 차지하기 때문에 단일 상태에 있죠. 그건 모두 파울리의 배타 원리 때문이고 우리가 여기에서 논의하고 있는 원자의 구조와 아주 유사합니다.

리카르도 그렇다면 스미스, 당신의 말에 따르면 명백하지 않은 효과는 뭔가요?

배비지 훌륭한 지적이네요, 리카르도. 진짜 뭐가 있나요?

스미스 예를 들면 비국소성이 있어요. 그건 유령처럼 으스스하죠.

배비지 하지만 이미 비국소성이 양자 연산의 효율성과는 관련이 없다고 말하지 않았습니까? 그게 자연적인 정보 처리와 왜 달라야 하죠? 그건 그렇고 효율성을 이야기할 때, 자연이 최대로 활용하고자 하는 자원은 우리가 컴퓨터를 만들 때 최적화하려는 것과 같은지는 명확하지 않습니다.

리카르도 반면에 당신이 아까 말씀하신 자원은 굉장히 일반적인 것들이에요. 공간, 시간, 에너지, 정확도. 자연 세계에서는 그것들이 더 중요하지 않나요? 결국 다윈 이후에 생물학자들은 자연에는 선견지명이 없다고 강조해 왔잖아요. 자연은 우리와 다르게 미래를 멀리 내다볼 수 없기 때문에 자연의 작용은 훨씬 더 엄격한 제약 아래에서 이뤄지는 것 같아요.

스미스 좋은 지적이십니다. 자연선택에 의해 진화돼 완전해진 양자 컴퓨터를 볼 수 없는 이유는 단지 얻을 수 있는 이익에 비해 생산에 들어가는 노력이 너무 크기 때문이에요. 더 중요한 걸 말씀드리면, 돌연변이가 올바른 방향으로 일어나야 하고 그건 외부 조건도 마찬가지예요. 하지만 그걸 보지 못했죠.

배비지 잠시만 제가 좀 끼어들게요. 그 지점으로 돌아가고 싶네요. 하지만 먼저 제가 자원에 대해 지적했던 부분부터 말씀드리겠습니다. 좋아요, 어쩌면 생명계에 있는 자원들이 컴퓨터와 비슷할지도 모릅니다. 하지만 분명 중요한 차이점이 있어요. 예를 들어 양자 연산에서는 어떤 일을 수행할 때 드는 시간을 항상 최소화하려고 하죠. 다른 자원들은 추적할 수 있게 두면서요.

하지만 생물학에서는 때때로 우리가 뭔가를 늦추고 싶어 한다는 걸 잘 알 수 있어요.

리카르도 암세포의 증식처럼요?

배비지 전 진지합니다. 생물학적 작용이 완료되려면 한 과정이 끝나기 전에 다른 과정이 시작하지 않도록 타이밍을 신중하게 조절할 필요가 있습니다. 예전에 누군가 나에게 미토콘드리아에서 일어나는 전자 전달 과정에 관해 이야기해 줬습니다. 완전히 밝혀지지 않았지만, 핵심은 미토콘드리아 내의 전자가 A 장소에서 B 장소로 이동하는 것입니다. 그러면 A와 B에서 모두 화학 작용이 진행됩니다. 이 화학 반응은 자체적인 소요 시간이 있고 전자는 화학이 수용할 수 있는 것보다 더 빨리 B에 도착하지는 않습니다.

리카르도 하지만 이건 병렬 연산과 다른 게 없는걸요? 한 프로세서는 일을 넘겨주기 전에 다른 프로세서의 일이 끝날 때까지 기다려야 하죠. 저는 사실 그게 모든 컴퓨터들이 작동하는 방식이라고 생각했어요.

스미스 네, 컴퓨터의 비트들은 동시적으로 움직여야 하지만 실제로 이게 고전물리학과는 관계가 없습니다. 전자가 A에서 B로 껑충 뛰어가는 게 고전적 과정이라는 게 핵심이죠. 저는 과거에 이와 관련해 여러 차례 모델을 세웠어요. 그때마다 고전물리학의 확산 방정식을 사용했고 제 가설은 늘 실험 결과와 맞아떨어졌습니다.

배비지 좋습니다. 그런데 도약의 속도는 어디에서 오는 거죠? 분명 양자역학을 사용하셨을 텐데요.

스미스 그렇습니다. 하지만 그건 제가 '명백한 양자'라고 부르는 겁니다. 핵심은 전자 전달에는 공간적 결맞음이 없다는 거예요. 당신의 컴퓨터 전산 관점에서도 이것을 고전적이라고 부르게 될 겁니다.

배비지 그렇다면 페르미의 황금률이 명백한 양자라는 겁니까? 제가 보기엔 생물학에 있는 모든 걸 명백한 양자라고 부르면서 무시하시는 것 같군요. 생물 분자에서는 진정한 양자 효과로 여기실 만한 게 없는 것 같습니다. 많은 생물학이 고전적으로 모델을 세울 수 있다고 해서 큰 의미가 있는 건 아닙니다. 그건 그저 우리가 아직 적당한 영역을 탐사하지 못했다는 의미일 뿐이에요. 분명 고전물리학은 어떤 장소에서는 실패할 겁니다. 저는 빛으로 돌아가 단일 광자들에 의존하는 과정들을 가정할 수 있어요. 그것들은 진정한 양자여야 합니다. 단일 광자에는 고전물리학과 유사한 게 없으니까요.

스미스 네, 생물학에도 단일 광자들이 있는 장소가 있습니다. 하지만 그것들이 무슨 연관이 있나요? 제 말은 생물학적으로 어떤 기능적 가치가 있냐는 말입니다. 단일 광자 대신에 결맞음 중첩을 사용하더라도 아마 같은 답을 얻을 겁니다.

배비지 다시 말해, 단일 광자들이 명백한 양자라고 말씀하시는 거네요. 또요!

스미스 그럼 말을 달리해 보겠습니다. 앞에서 양자 컴퓨터에 관해 말씀하셨죠. 그 컴퓨터들은 우리가 세심하게 설계합니다. 대개는 소음을 최소화하기 위해 낮은 온도에서 큐비트를 안정한 물리적 시스템에 인코딩해야 하고 그런 다음 양자 연산을 수행하기 위해 결맞음 상태로 유도해야 합니다. 저는 자연이 같은 방식으로 생명계를 유도하거나 준비한다고는 생각하지 않습니다.

배비지 자연이 양자물리학을 진화시켰는지를 물으시는 겁니까? 저는 이게 중요하다고 생각하지 않습니다. 만약 생물 작용이 양자라면 그리고 분명 양자라고 보지만, 그렇다면 그렇겠죠. 비슷한 일이 고전물리학으로 행해질 수 있다는 사실조차 무관합니다. 선택의 여지가 없어요. 만약 근본적인 법칙이 양자라면 그게 자연이 다뤄야 하는 거죠.

스미스 아뇨, 제가 의미한 건 우리가 앞서 말한 에너지 전달을 사용해서 설명할 수 있습니다. 에너지 전달이 양자적이려면 그걸 이끄는 빛 또한 양자 결맞음 상태여야 합니다. 하지만 자연에서 빛은 결맞음 상태가 아닙니다. 결맞음 상태의 빛을 얻으려면 레이저를 만들어야 해요. 제가 아는 한 자연에 자발적으로 생겨난 레이저는 없습니다.

배비지 저는 여전히 이 주장이 어떤 연관성이 있는지 잘 모르겠습니다. 만약 생명계에 단일 광자들이 있고 그것들이 번식한다면, 그 뒤를 따르는 것이 무엇이든 그걸 설명하려면 완전한 양자역학이 필요할 겁니다. 그러니까 슈뢰딩거 방정식의 상태를 진화시켜야 한다는 거죠. 스미스, 당신조차 이건 명백한 양자가 아니라고 인정하게 될 거예요. 그냥 무조건 그래야 할 수밖에 없으니까요.

리카르도 사실 최근에 슈뢰딩거의 《생명이란 무엇인가》를 다 읽었어요. 슈뢰딩거는 생명을 설명하려면 어떤 다른 물리 법칙이 필요할지도 모른다고 꽤 설득력 있는 주장을 했죠. 그가 말한 다른 법칙이라는 건 보통 양자 물리학이라고들 해석하고 있어요. 그렇다면 배비지, 당신이 말한 걸 뒷받침하겠군요.

스미스 하지만 "왜 원자는 그렇게 작은가?"라는 챕터는 잊으신 것 같군요.

리카르도 맞아요. 그건 전혀 기억이 나지 않네요. 왜 그렇게 원자는 작은 건가요?

스미스 슈뢰딩거는 그 질문이 잘못됐다고 말합니다. 원래는 "왜 우리는 이렇게 큽니까?"라고 물어야 한다는 거죠.

리카르도 같은 질문을 그저 다르게 말한 거 아닌가요?

스미스 아닙니다. 원자가 기본 건축 자재이고 그것들이 무작위적으로 행동한다고 가정하면, 그들의 수가 작을 때는 굉장히 신뢰할 수 없다는 걸 깨닫습니다. 신도 주사위를 굴렸듯 말이죠. 제 말은, 온갖 예측할 수 없는 일들을 한다는 뜻입니다. 하지만 많은 원자를 하나로 결합하면, 양자 소음이 씻겨나가고 우리에게는 다소 결정론적이고 믿을 만한 고전적 도구가 남게 됩니다. 그래서 이것이 생명계가 원자에 비해 큰 이유입니다. 생명체는 세포 대사, 세포 분열 등 정확하고 예측 가능한 과정이 필요하니까요.

배비지 오호라, 마침내 우리가 제대로 토론하게 됐군요. "생물학은 고전적입니다. 왜냐하면 그 안에 있는 양자가 사소한 양자거든요"라는 주장보다 지금 말씀하신 게 훨씬 마음에 듭니다.

스미스 아이쿠, 전 사실상 슈뢰딩거와 같은 말을 한 건데요.

배비지 하, 맞아요. 그렇죠. 하지만 흥미로운 생각이 났습니다. 그건 우리가 지금까지 말한 것에 대한 반전입니다. 뒤죽박죽된 것 같긴 하지만 생각할수록 마음에 드네요.

스미스 자, 그럼 저명한 저널에 실릴 또 하나의 논문이 만들어지는 건가요.

배비지 제 말 좀 끝까지 들어보세요. 우리는 자연이 굳이 애써 양자 행동을 진화시킬 것인지를 질문했습니다. 하지만 어쩌면 우리는 슈뢰딩거를 따라 자연이 고전물리학을 진화시킬 필요가 있다고 생각해야 할지도 몰라요.

리카르도 아인슈타인도 좋아하겠는데요? 아닐까요?

스미스 글쎄요, 제 생각은 그렇지 않은데요. 아인슈타인은 고전역학의 현실이 양자보다는 더 근본적으로 되기를 원했습니다. 계속하시죠, 배비지.

배비지 자연에 무작위적으로 분포된 날것의 양자 요소가 주어진다고 상상해 보세요. 어떤 생물 분자들을 보면 주기적인 결정처럼 질서 있는 물리계에 비해 정말로 무작위적으로 보입니다. 하지만 필요한 건 이것들이 결정론적인 무언가를 수행하는 겁니다. 우리가 앞에서 얘기한 것처럼 분자가 전자를 전달할 수 있기를 바란다고 해봅시다. 그렇다면 양자물리학에 의존하고 싶지는 않을 겁니다. 결맞음 상태의 결정론적 양자 행동을 얻기 위해서는 엄청난 조정과 외부적인 통제가 필요하기 때문입니다. 하지만 어떤 식으로든 궁극적으로 많은 양자 요소들을 결합한다면, 그것들은 고전적이 되면서 좀 더 예측 가능해지고 또 결정론적이 됩니다. 그래서 아마도 고전성은 오류 수정의 형태로 양자물리학에서 '고의적으로' 진화했을지도 모릅니다.

리카르도 방금 흥미로운 가능성이 생각났어요. 작은 물체들은 양자적으로 행동합니다. 그런데 우주론자들도 우주 전체가 양자라고 말하죠. 그렇다면 생명은 두 개의 양자 영역 사이의 고전 영역에 존재하는 셈이 됩니다. 그건 이상하지 않을까요?

스미스 그거 흥미롭네요, 리카르도. 어쩌면 두 개의 양자적 극단 사이에 생명이 존재할 완벽한 조건을 갖춘 명당자리가 있을지도 모르겠네요. 생명은 복잡성이 최대인 곳에 존재합니다. 그리고 우주의 두 극단은 양자이고, 그래서 단순하죠. 그 사이의 어딘가에서 복잡한 것들이 일어납니다. 하지만 잠깐만요, 우리가 완전히 무시하고 있던 게 있네요. 열이요. 컴퓨터를 소형화할 때 가장 큰 제약이 있다면, 그 결과로 발생하는 열이 너무 커서 새로 설계된 칩이 폭발해 버릴 거라는 점이죠. 사실 우리는 어떻게 컴퓨터를 빨리 식힐 수 있는지 알지 못합니다. 그리고 그게 현재로서 가장 큰 제한 요소죠.

리카르도 정말요?

배비지 네. 그리고 여기에 대한 해답은 '가역 컴퓨팅'입니다. 우리는 실제로 모든 연산 단계를 열역학적으로 완전히 가역적으로 만들어 열이 생성되지 않게 만들 수 있다는 걸 압니다.

리카르도 이번에도 양자 컴퓨터인가요?

스미스 아니요. 양자 컴퓨터는 필요 없습니다. 고전 컴퓨터도 똑같이 가역적으로 될 수 있어요. DNA 복제는 우리가 자연적인 정보 처리 과정이라고 생각할 수 있는 현상인데, 사실 이 과정은 인간의 컴퓨터보다 훨씬 효율이 높습니다. DNA는 연산 단계당 100단위의 열을 낭비합니다. 반면에 인간이 만든 컴퓨터는 1만 단위를 허비하죠. 예측하자면 우리 기술로는 2020년에는 DNA와 견줄 만하게 되고, 바라건대 2030년에는 가역 단계에 이를 것으로 보입니다.

배비지 그거 흥미롭군요. 그러니까 우리는 아직까지 DNA만큼도 효율적이지 못하다는 거잖아요.

리카르도 글쎄요, 자연은 40억 년이나 먼저 출발했어요. 하지만 물론 자연에게는 선견지명이 없죠. 우리와 다르게 진화는 앞을 보지 못합니다. 자연선택은 뭔가를 설계하는 가장 어리석은 방법처럼 보여요. 뭐랄까, 어떤 생물학적 메커니즘은 감동적일 정도로 정교합니다. 이 흥미로운 주제에서 정말 벗어나고 싶진 않지만, 학부 시절에 제가 많은 것을 배웠던 인간 사회 또한 자연적으로 진화하지 않았을까 하는 생각이 들어요. 그렇다면 인간 사회도 열역학적인 측면에서 효율적인 걸까요? 그러니까 우리가 여태껏 논의한 물리학을 인간 사회에 적용할 수는 없는 건가요?

리카르도가 문제의 핵심을 제대로 짚었다. 왜 안 된단 말인가? 이것이야말로 우리를 다음 간극으로 이끄는 고무적인 생각이다.

5장

경제학

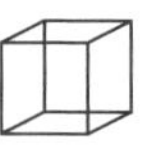

예측을 하고 예측한 바를 실험으로 검증하는 게 과학 진보의 열쇠라면, 경제학자를 비롯한 사회과학자들은 불행한 운명을 맞이할 수밖에 없다. 사람은 원자보다 아주 조금 더 예측하기 어려우니까. 펀드 매니저 피터 린치Peter Lynch가 말했듯이 "미국에는 6만 명의 경제학자가 있고 대부분 경기침체와 금리를 예측하기 위해 정규직으로 고용됐다. 이들이 연속으로 두 번만 예측에 성공했어도 지금쯤 모두 백만장자가 됐을 테지만 내가 아는 한 대부분은 여전히 직장을 다닌다. 그게 무슨 의미인지는 짐작할 수 있을 것이다."

경제학자들은 두 사람 사이에서 일어나는 거래에 대해서

는 충분히 잘 알고 예측도 할 수 있다. 그러나 거시적으로 범위를 넓히면 문제가 시작된다. 20세기 경제학자 존 케네스 갤브레이스John Kenneth Galbraith가 이렇게 말했다 "세상에는 두 종류의 예측자가 있다. 알지 못하는 자 그리고 자기가 알지 못하는지를 모르는 자." 우리는 2008년에 엄청난 금융 붕괴를 목격했다. 감히 말하건대 당시 세계의 많은 사람이 어떤 식으로든 체감했을 것이다. 전례가 없지 않았고 마지막도 아니었지만, 그런데도 금융 위기를 먼저 예상한 전문가는 거의 없었다. 오죽하면 위기를 예상했던 사람들을 소재로 하는 영화가 만들어졌을까. 그만큼 붕괴를 미리 예측하기가 얼마나 어려운지를 말해준다. 대규모 금융 위기는 한 세대당 한 번 정도 일어난다. 얼마나 복잡하기에 그토록 예측이 어려운 걸까?

그건 경제학이 인간의 선택을 광범위한 측면에서 연구하는 과학이기 때문이다. 그래서 비이성적인 행동과 예측 불가능성이라는 인간의 성향을 고려했을 때, 경제학이 가장 복잡한 과학이 된 건지도 모른다. 허튼의 옥스퍼드 만찬에서 만난 목소리 굵은 경제학자는 막판에 경제학자들이 얼마나 고군분투하는지를 이야기했다. 그날 밤 나는 경제학이 굉장히 매력적인 학문이라는 걸 알게 됐다. 그중에서도 경제학자들의 가장 큰 간극은 개인의 행동을 바탕으로 광범위한 인간의 행동을 이해하는 데 있다. 만약 이 간극에 다리가 놓인다면 사회과학의 모든 간극이 사라질 거라고 믿게 됐다. 이는 선불리 가설을 세우기엔 굉장히 큰 문제다. 인간의 행동이 관여하는 모든 문제는 한없이 복잡하다. 하지만 세계경제포럼 연례 회의가 열리는 두바이는 이 문제를 파고들기에 좋은 곳이다.

나는 해마다 열리는 세계 미래 협의회에 참여할 자격이 있다. 이 회의에 700명의 회원이 모여 혁신적인 기술로 가능해진 기회를 논의한다. 여기에서 기회라는 말이 허튼의 옥스퍼드 만찬의 주제였던 붕괴와는 다소 상반된 느낌이라는 데 주목하자. 이 회의에서는 기술을 우리에게 유리하게 전환하는 과정에 초점을 맞춘다. 그렇다면 열세 살짜리 아들의 끝없는 드럼 소리를 파괴가 아닌 기회로 봐야 한다는 뜻일까? 관용을 실천할 기회일까? 분명 이곳에는 허튼의 만찬에서 만연했던 영국인들의 냉소주의가 아닌 낙관과 흥분의 분위기가 있었다. 이곳이 두바이라는 점도 분위기를 돋우는 데 한몫한다. 낯선 시작을 가르는 열광적인 낙관론, 즉 인간과 기술이 기회라는 단어와 결합했을 때 무엇을 성취할 수 있는지 보여주듯 깨끗하고 냉방장치가 잘된 등불 같은 도시다.

나는 낯선 이곳을 아주 좋아하게 됐다. 이 도시는 지난 수년간 내 제2의 고향이 된 싱가포르에서 160만 킬로미터씩이나 떨어진 곳이 아니다. 세계경제포럼이 열리는 장소일 뿐만 아니라 이번 장을 쓰기에도 완벽한 장소다. 가설이 현실이 되는 곳.

개인은 어떻게 선택이란 걸 할까? 그리고 방정식에 투입된 타인의 존재에 어떻게 영향 받을까? 이처럼 소규모 인간의 미시적 행동을 파악하면 그걸 바탕으로 큰 집단의 행동을 이해할 수 있을까?

내가 두바이에서 머무는 기간에 마침 메탈리카가 이 도시에서 공연한다면 나는 무조건 달려갈 것이다. 그러나 하필 그날 내 오랜 대학 동창도 두바이에 오게 돼 공연이 있는 바로 그 시간에 세계에서 가장 높은 건물인 부르즈 할리파의 바에서 한잔하자고 연락이 왔다면 어떻게 해야 할까? 메탈리카 공연에 가는 것과 옛 친구를 만나는 일은 상호배타적인 사건이라 둘 다 할 방법은 없다. 메탈리카 공연 티켓은 100달러이고, 부르즈 할리파에서 쓰게 될 돈도 얼추 비슷하다. 이날 친구를 만나지 않으면 적어도 1년은 만나지 못할 것이다. 경제학자라면 어떤 결정을 내릴까?

왜 하필 경제학자냐고? 심리학자, 사회학자, 신학자는 안 될까? 그건 경제학이 희소한 자원을 두고 사람들이 내리는 결정을 다루는 학문이기 때문이다. 자원이 희소하지 않다면 선택은 쉽다. 이 경우에 자원은 시간이다. 그리고 이 시나리오에서 우리는 보잘것없는 나라는 한 개인을 다루고 있으므로 이는 미시경제학적 문제다. 거시경제학은 국가 차원에서 내리는 결정을 다룬다.

이 결정에 대한 답은 여러 대안 중에 하나를 고르는 방법 중 원조 격인 데카르트 방식을 따르게 될 것이다. 17세기 프랑스 철학자 르네 데카르트René Descartes는 각 대안의 장단점을 모두 나열하고 각 장점에는 플러스, 단점에는 마이너스 등으로 다른 가중치를 주는 결정 방식을 제안했다. 각각의 가중치를 모두 합했을 때 점수가 가장 높은 대안을 선택하는 것이다. 이 정도는 나도 쉽게 할 수 있다. 그러나 이 방법으로는 구성원이 열 명에 불과한 소규모 집단에서조차 타협안을 마련하기가 거의 불가능하다. 틀림없이 열 명 모두 선호도가 제각각일 건 뻔하고, 설사 그렇더라도 각자가 선택의 일관성을 유지하는 한 어찌해 볼 방도가 있겠지만 문제는 거기에서 그치지 않는다. 지금 소개할 식당에서의 메뉴 교환 문제는 새로 도입한 선택지가 어떻게 기존의 두 선택지에 혼란을 주는지 보여줄 때 자주 인용되는 사례다.

웨이터 좋은 저녁입니다, 손님. 먼저 마실 것 좀 갖다드릴까요?

손님 네. 주스는 어떤 종류가 있죠?

웨이터 사과 주스와 오렌지 주스가 있습니다.

손님 좋아요. 오렌지 주스로 하겠습니다. 고맙습니다.

웨이터 아주 잘 선택하셨습니다. 아 참, 손님, 크랜베리 주스도 있는데요.

손님 크랜베리 주스도 있다고요? 그럼 사과 주스로 할게요.

이성적으로 생각하면 새로운 선택지가 추가됐다고 해서 원래 두 선택지 사이에서 결정했던 선호도가 바뀔 리는 없다. 그러나 인간의 마음이란 이성적이거나 일관되지 않다. 심지어 세 가지 중 선택해야 하는 문제에서는 훨씬 더 복잡해진다. 우리 집 아이들 셋이 군것질거리를 사러 동네 가게에 갔다. 아이들이 좋아하는 사탕은 각각 다르지만 돈이 충분하지 않으므로 한 개만 사서 나눠 먹어야 한다. 마이키는 마스 초코바보다 하리보 젤리를 좋아하고, 누텔라보다 마스 초코바를 좋아한다. 미아는 누텔라보다 마스 초코바를 좋아하고 하리보를 제일 덜 좋아한다. 레오는 누텔라를 하리보보다 좋아하고, 마스 초코바보다는 하리보를 좋아한다.

얼핏 보면 해결하기 쉬운 문제다. 하리보가 마스 초코바를 2대 1로 이기고, 마스 초코바는 누텔라를 2대 1로 이긴다. 그러므로 하리보가 누텔라를 이긴다고 생각할지도 모른다. 그러나 사실 누텔라 역시 하리보를 2대 1로 이기므로 모두가 동률인 셈이다. 그렇다면 가장 많은 사람이 좋아하는 제품을 쉽사리 고를 수 없게 된다.

현실에서는 좀 더 아찔한 경우가 종종 일어난다. 특히 이런 애매한 상황이 정치적 투표 시스템에서 발생해 결국 다수의 지지를 받지 못하는 후보자가 선출될 가능성도 있다.

경제학자들은 이런 소규모 거래를 어떻게 처리할까? 이번 장을 연 갤브레이스와 린치의 인용구는 경제 전문가들조차 거시경제학의 복잡성으로 인한 예측의 어려움을 인식한다는 점을 보여준다. 사람들이 경제학자를 종종 불신하고 심지어 싫어하는 이유가 여기에 있다. 불운하게도 이들은 이론과 현실의 큰 간극 때문에 수시로 농담의 대상이 되곤 한다.

한 남자가 시골길을 걷다가 엄청난 양 떼를 몰고 있는 목동을 발견했다. 그는 목동에게 흥미로운 도전을 제안했다. "내가 양 떼에 있는 양의 수를 정확히 맞혀보겠소. 나는 1,000파운드를 걸 테니 당신은 양 한 마리를 거시오." 목동이 곰곰이 생각했다. 수가 워낙 많으니 못 맞힐 거라 생각해 내기를 받아들였다.

이윽고 남자가 말했다. "973마리." 목동은 놀랐다. 그가 답을 맞혔기 때문이다. 목동이 말했다. "좋소, 나는 약속을 지키는 사람이니 양 떼에서 양 한 마리를 데리고 가시오." 남자는 한 마리를 골라 길을 떠나려고 했다.

"잠깐!" 목동이 소리쳤다. "내게 복수할 기회를 주시오. 내가 당신의 직업을 알아맞힌다면 아까의 내기를 없었던 일로 하고, 못 맞히면 양을 두 마리 더 주겠소." 남자가 잠시 생각하더니 어깨를 으쓱하면서 대답했다. "좋소." 목동이 말했다. "당신은 정부의 싱크탱크에서 일하는 경제학자요."

"세상에, 놀랍군!" 남자가 감탄했다. "정확히 맞혔소. 어떻게 알았소?" 그러자 목동이 말했다. "우선 내 개를 내려놓으면 말해주리다."

경제학이나 기타 사회과학의 문제는 과학의 표준 방법을 적용해서는 해결할 수 없을 정도로 복잡한 걸까? 우리는 개를 양으로 착각할 정도로 그렇게 항상 형편없이 예측하는 걸까? 꼭 그런 건 아니다.

칭화대학교 양자정보센터의 앤드루 야오Andrew Yao 소장은 저명한 컴퓨터 과학자로 자신의 전문 지식을 양자물리학과 경제학을 포함한 많은 분야에 응용했다.

나는 몇 년 전 그가 연구를 검토하러 싱가포르의 양자기술센터에 왔을 때 처음 만났다. 그가 속한 위원회는 검토를 마치면 정부에 보고할 예정이고 싱가포르 정부에서 검토 후 연구비 지원 여부를 결정한다. 정부에 제출할 보고서는 굉장히 인상적이었다. 이 센터에 대해 어떻게 생각하느냐는 질문에 야오가 다음과 같이 대답했기 때문이다. "센터는 아주 훌륭합니다. 싱가포르 정부에서 계속 지원할 생각이 없다면 내가 센터를 통째로 사서 중국으로 옮긴 다음 모든 직원의 연봉을 25퍼센트씩 인상하겠습니다." 보고서는 제 일을 해냈다. 양자기술센터는 싱가포르에서 계속해서 승승장구할 것이다.

컴퓨터과학과 경제학의 경계에서 야오의 평판과 위치를 결정지은 문제가 있다. '야오의 백만장자 문제'라는 이 문제에는 두 백만장자가 나온다. 어떤 이유로 두 사람은 둘 중 누가 더 부자인지 확인하고 싶었다. 단, 정확한 재산의 액수는 밝히지 않는다. 이것은 실제로 전자상거래와 데이터 마이닝에서 중요한 문제다. 전자상거래는 모든 온라인 금융 거래와 관련이 있고, 데이터 마이닝은 구조를 갖추지 않은 데이터베이스에서 패턴을 찾아내는 컴퓨터과학의 하위 분야다.

나는 백만장자 문제의 사회주의적 버전을 도입해 어떻게 백만장자 문제를 해결할 수 있는지 보여주겠다.

스타벅스에서 일하는 앨리스와 밥은 상대의 임금이 자기와 같은지 알고 싶어 한다. 두 사람은 모든 사람이 기여도나 노력과 무관하게 똑같은 임금을 받아야 한다고 믿는 사회에 사는 사회주의자들이다. 둘 다 소득의 평등을 믿는다. 물론 상대가 자기와 똑같은 임금을 받는지 알고 싶어 하지만 여전히 두 사람은 자신이 받는 액수에 대해서는 다소 자부심을 느낀다. 두 사람이 서로의 임금을 정확히 공개하지 않고도 소득이 같은지 아닌지 밝힐 수 있을까?

답은 '그렇다'이다. 한 예를 들어보겠다. 이들이 한 달에 100만 원, 200만 원, 300만 원 또는 400만 원을 번다고 가정해 보자. 밥이 사무용품점에 가서 각각 자물쇠가 달린 투서함 네 개를 산다. 그리고 상자에 각각 100만 원, 200만 원, 300만 원, 400만 원이라고 적는다. 밥은 200만 원이라고 적힌 상자의 열쇠만 빼고 나머지는 모두 버린다. 그게 그의 한 달 월급이다. 앨리스는 밥이 가진 열쇠가 어떤 상자를 여는 열쇠인지는 알지 못한다.

그런 다음 밥은 자물쇠가 잠긴 투서함을 앨리스에게 준다. 아무도 없는 곳에서 앨리스는 300만 원이라고 적힌 함에 "네!"라고 적은 종이를 넣는다. 그게 앨리스가 다달이 받는 액수다. 나머지 함에는 "아니오!"라고 적은 종이를 넣는다.

앨리스가 다시 밥에게 투서함을 건넨다. 그러면 밥이 아무도 없는 곳에서 자기 열쇠를 사용해 200만 원이라고 적힌 투서함을 열고 안에 있는 종이를 꺼낸다. "아니오!"라고 적혀 있다. 그 말은 앨리스가 200만 원을 벌지 않는다는 뜻이다. 밥은 앨리스에게 그들이 받는 월급이 다르다고 말한다.

밥은 이제 앨리스가 200만 원을 받지 않는다는 걸 알지만, 다달이 100만, 300만, 400만 원 중 얼마나 버는지는 알지 못한다. 같은 방식으로 앨리스도 밥이 다달이 300만 원을 벌지 않는다는 걸 알게 되지만 그게 100만 원인지, 200만 원인지, 400만 원인지는 알지 못한다. 약속한 스타벅스 같으니라고.

여기에서 앨리스와 밥 사이의 프로토콜을 두 컴퓨터, 즉 전자상거래의 응용프로그램으로 실행할 수 있다. 야오의 백만장자 문제도 같은 방식으로 풀 수 있다. 안타깝지만 모든 경제학 문제가 이런 식으로 간단히 계산되고 해결되지는 않는다. 다른 경제학 문제에는 적용이 훨씬 어려워 최적의 해결책이 존재하지 않을 수도 있다. 이러한 거래가 두 사람을 벗어나 더 큰 규모가 될 때 예측의 문제가 발생한다. 게다가 수학이 생각하는 최고의 해결책과 인간의 감정이 지시하는 방향에는 부조화가 존재한다.

갤브레이스와 린치의 주장은 과학자를 불안하게 만든다. 예측은 과학의 핵심이다. 우리는 새로 설계된 실험에서 수학적 결과를 도출하기 위해 자신이 추측한 가설을 사용한다. 만약 실험 결과가 일치하지 않으면 가설을 수정하고 처음부터 다시 시작해야 한다. 철학자 칼 포퍼Karl Popper가 추측과 논박Conjectures and Refutations이라고 말한 과학의 전 과정은 근본적으로 오로지 현실의 실제 경험에 의존해 가설의 타당성을 판단한다. 그러나 보어가 말한 것처럼 "예측은 어렵다. 특히 미래에 대해서는".

세계경제포럼 첫날이 끝났고 모두 지난밤보다는 낙관적인

기운들이 조금 사라졌다. 오늘 하루 종일 아직 개발되지 않은 기술의 견지에서 우리의 현실이 어떻게 될지 예측했다. 모두의 입에 오르내리는 단어는 4차 산업혁명이다. 아직 일어나지 않았지만 조만간 일어날 미래다. 이 혁명은 '가상 물리 시스템cyber physical system'이라고 막연하게 명명될 것이며 틀림없이 거의 모든 산업을 무너뜨릴 것이다. 그러나 이런 말은 나 같은 자연과학자라면 화를 낼 만한 가설에 불과하며, 그 덕에 나는 물리학이 조금 그리워졌다.

만약 가장 간단한 경제적 거래가 두 개인 사이에서 일어난다면, 적어도 가끔은 이 거래를 양적으로 파악해 신중하게 설계하고 통제한 실험의 대상으로 삼을 수는 없는 걸까? 두 개인 사이의 거래를 이해하면 다수의 개인에 대해서도 추론할 수 있을 테니까. 이것은 베르누이가 개별 원자의 충돌을 설명한 뉴턴의 법칙을 사용해 기체 안에서 다수의 원자가 취할 행동을 유도한 이론의 경제학 버전으로 볼 수 있다. 그러니 물리학이여, 출동하라!

경제학에 대한 이해가 자연과학처럼 과학 원리에 의해 뒷받침되지 않는다면, 둘 사이의 간극은 영원히 열려 있을 것이다. 다행히 개인 간 거래를 연구하는 미시경제학자들은 물리학자처럼 접근한다. 이들은 경제학을 '사회과학의 물리학'이라고 즐겨 부른다. 게다가 물리학에서 볼츠만의 마이크로-매크로 접근법을 취해 경제학에서 마이크로-매크로 전이 과정에 적용하는 분야가 있다. 이 분야를 경제물리학이라고 부르는 것도 놀랍지 않다.

내가 앞서 언급한 한 가지 차이는 분명하고도 엄청난 것이다. 인간은 원자보다 훨씬 복잡하다. 인간 사이의 거래는 원자와 달리 희망, 공포, 흥분 등과 같은 감정에 지배된다. 물리학에는 존재하지 않는 것들이다. 물론 물리학자들은 제외하자. 우리도 감정이 있는 인간이니까. 그러므로 경제학자들이 할 거라고 수학자들이 예측하는 것과 실제로 경제학자들이 하게 되는 것은 빈번하게 불일치한다.

경제학의 수학적 기초는 존 폰 노이만과 오스카르 모르겐슈테른Oskar Morgenstern이 공저한 《게임 이론과 경제적 행동*Theory of Games and Economic Behaviour*》을 통해 세워졌다. 두 사람은 경제 행동을 이해하기 위해 게임 이론이라고 부르는 완전히 새로운 수학 분야를 발명했다. 과거 뉴턴이 운동의 물리적 법칙을 이해하기 위해 오늘날 고차원적 수학이라고 불리는 미적분학을 개발한 것처럼.

폰 노이만과 모르겐슈테른은 이윤의 극대화를 위해 합리적 경제학자가 어떤 선택을 해야 하는지에 대한 기본적 공리를 소개했다. 나는 '합리적'이라는 단어를 강조하겠다. 앞서 말했듯 경제학은 인간이 어떻게 선택하는가에 관한 과학이다. 합리성은 거래에 참여하는 개인이 더 나은 결과를 얻는 방향으로 선택한다고 암시한다. 그러므로 합리성의 공리는 다음과 같이 설명할 수 있다. 어떤 사람이 배보다 사과를, 바나나보다 배를 더 좋아한다면, 그 사람은 바나나보다 사과를 더 좋아해야 한다.

하지만 대부분은 이런 생각을 좋아하지 않는다. 두 개 중에 골라야 한다면 나는 사실 배보다 사과를 좋아한다. 그리고 바나나보다는 배를 좋아한다. 그러나 사과와 바나나를 놓고 골라야 한다면 바나나를 선택할 것이다. 이런 선택은 경제학적 의사결정에 대한 합리적 기초를 사용해서는 이해하기 어렵다. 광범위한 행동경제학 연구가 보여줬듯이, 인간은 폰 노이만이나 모르겐슈테른이 가정한 것처럼 그렇게 합리적이지 않다. 행동경제학 그리고 심리학은 실제로 현실의 인간이 경제적 거래 과정에서 어떻게 행동하는지 관찰하고 그들의 관찰을 수학적 모델로 세우며 다양한 진화적 설명을 찾으려고 노력한다. 과연 우리가 인간을 수학적으로 예측할 수 있을까?

예를 들어보자. 두 사람에게 10만 원을 주면서 나눠서 가지라고 한다. 단, 조건이 있다. 둘 중 한 사람에게는 10만 원을 얼마로 나눌지 결정할 권한이, 다른 한 사람에게는 제안 자체를 포기하거나 받아들일 권한이 있다. 액수를 결정하는 사람은 자신이 9만 원을 가지고 상대에게 1만 원만 줄 수도 있고, 똑같이 5대 5로 정할 수도 있다. 하지만 두 번째 사람이 거부하면 둘 다 돈을 받지 못한다. 폰 노이만과 모르겐슈테른의 합리적 이론에 따르면 두 번째 사람은 상대가 자기에게 얼마를 주든 받아들여야 한다. 얼마가 됐든 하나도 받지 못하는 것보다는 낫기 때문이다. 그러므로 두 번째 사람이 9대 1의 제안을 받고 거래 자체를 포기하겠다고 결정하는 건 비합리적이다. 그러나 실제로 실험을 해봤더니 첫 번째 사람은 결국 거의 항상 5대 5에 가깝게 제안했다. 그리고 두 번째 사람은 아주 불공평하게 액수를 나눌 경우, 예를 들어 7대 3에는 거의 항상 거래 자체를 포기했다. 그렇다. 이것은 우리가 합리적으로 문제에 접근해야 하는 방식과는 다르지만, 적어도 입증된 수학적 해결책이다.

인간의 뇌에는 공정성과 상호주의가 내재된 듯하다. 우리의 생존은 타인과의 협력에 달려 있으므로 진화적으로도 아주 타당한 생각이다. 그래서 불공평하다고 생각되는 거래를 보면 강한 반발감을 느끼고 자신이 손해를 보더라도 공정하게 임하지 않는 자를 처벌하고 싶은 충동에 저항하지 못하는 것이다. 그러나 합리성의 측면에서는 옳지 못한 행동이므로 행동경제학은 이 점을 고려해야 한다. 인간의 도덕성이 합리적 행동을 방해하는가? 그렇다면 이것이 미시경제학과 거시경제학을 벌려놓는 간극의 원인인가?

대니얼 카너먼Daniel Kahneman은 마침내 행동경제학으로 이어진 실험을 개척한 공로로 노벨경제학상을 받았다. 카너먼은 합리적 행동에서 벗어나는 의사결정의 모델을 개발했다. 이 모델은 플라톤의 전차 우화와 매우 유사하다.

이 우화는 인간의 영혼을 대표한다. 플라톤이 이렇게 말한다. "첫째, 인간의 영혼을 이끄는 마차꾼은 한 쌍의 말을 몰고 간다. 둘째, 말들 중 한 마리는 고귀한 품종이지만, 다른 말은 품종이나 성격이 정반대다. 그러므로 이 경우에는 마차를 모는 일이 어렵고 골치 아프다."

마차꾼은 지성, 이성 또는 영혼을 진실로 인도해야 하는 부분을 나타낸다. 첫 번째 말은 이성적이거나 도덕적인 충동 또는 정의로운 분개처럼 격정적인 기질의 긍정적 부분을, 두 번째 말은 영혼의 비이성적인 열정, 식욕이나 색욕의 본성을 나타낸다. 마차꾼은 마차, 즉 영혼을 몰아 깨달음을 향해 나아가면서 말이 다른 길로 가지 않게 애쓴다.

카너먼의 모델에 시스템1과 시스템2라고 부르는 가상의 시스템이 있다. 시스템1은 복잡한 문제에 맞닥뜨렸을 때 뇌에서 빠른 결정을 내리는 충동적인 부분이다. 시스템2는 폰 노이만과 모르겐슈테른이 모든 경제학자에게서 기대한 느리고 신중하고 이성적인 부분이다. 인간에게는 두 시스템이 모두 필요하고 어떤 사건에 적절히 대응하려면 둘 사이의 협상이 필요하다는 게 문제다. 마치 플라톤의 마차꾼처럼.

시스템1은 생존에 중요한 요소다. 누군가 "불이야!"라고 외치는 소리를 들으면 우리는 본능적으로 뛰쳐나가 안전한 곳을 찾으며 대개는 비슷하게 반응하는 다른 사람들을 따라간다. 이때 시스템2를 발동시켜 불의 규모, 고함친 사람의 신뢰도 등을 따지느라 시간을 낭비하는 건 어리석은 일이다. 부족의 일원이 사자가 다가오고 있다며 경고했을 때 시스템2를 작동시킨 선조들은 분명 멸종했을 것이다. 우리는 위험에 직면했을 때 신속한 결정을 내린 사람들의 후손이다.

반면 시스템2는 '345+667'처럼 큰 수를 더하는 과제 등을 해결할 때 사용된다. 또한 아이들을 어느 학교에 보낼지 등 큰 결정을 내릴 때도 이 시스템이 작용한다. 교장의 능력, 청렴함, 강점 등을 파악하려면 시간과 합리화 과정이 필요하다. 고작 몇 분 이야기한 것으로 그 사람이 매력적이고 재치 있고 인물이 좋다고 판단해 성급히 입학을 결정한다면 자식의 미래를 위한 신중한 선택을 내리지 못한 것이다. 그러나 실제 인간의 행동에서는 시스템2를 작동시켜야 할 때 시스템1이 수시로 작용한다. 나는 인간을 이토록 예측하기 힘들게 만드는 것이 시스템1로 향하는 성향 때문이 아닌지 의심스럽다. 특히 서구 사회에서 기술과 신속성이 지배하는 시대가 합리적인 행동을 더 드물게 만드는 건 아닐까.

어떤 상황은 생각보다 더 복잡하기 때문에 시스템2를 적절히 사용하는 데 필요한 시간, 에너지 등의 자원을 낭비하는 대신 시스템1의 기초가 되는 주먹구구 방식을 사용하는 쉬운 선택지를 고른다. 그러면서 실수를 저지른다. 예를 들어 연필 한 자루와 껌 한 통을 샀더니 1,100원이 나올 때 연필이 껌보다 1,000원 더 비싸다면 껌은 얼마인가?

대부분의 사람들이 100원이라고 말한다. 이는 시스템1이 보기엔 너무나 명백한 성의 없는 답변이다. 그러나 이 답은 틀렸다. 껌이 100원이라면 연필은 1,000원 더 비싸므로 1,100원이어야 하는데, 그러면 총합이 1,100원을 넘기 때문이다. 이런 추론이 이성적인 시스템2의 전형이다. 시간이 오래 걸리고 더 비판적이지만 더 믿을 만하다. 플라톤의 마차를 끄는 '고귀한 품종'이다.

이건 사소한 실수다. 고작 100원이 걸린 문제였기 때문이다. 그러나 대출 조건을 결정하거나 상사에게 얘기할 때는 위험이 현실이므로 시스템1을 과도하게 사용하지 않도록 경계해야 한다. 이런 문제는 시스템2를 사용해 조정하는 게 이상적이다. 이런 식으로 거시경제 시스템은 인간의 불합리성으로 인해 차질을 겪을 수 있다. 이처럼 인간이 저지르는 오류 때문에 개인의 거래를 바탕으로 거시적인 패턴을 설명하는 데 어려움을 겪는 경제학의 큰 간극이 발생하는 것이다.

20세기 가장 영향력 있는 경제학자인 존 메이너드 케인스John Maynard Keynes에게 영감을 받아 나는 딸, 아들에게 다음과 같은 게임을 제안했다. 나는 아이들에게 1부터 100까지 중에서 아무 수나 생각하라고 했다. 상대가 생각한 수의 절반에 가까운 수를 생각한 사람이 이기는 게임이다. 동기를 부여하기 위해 이긴 사람에게 10파운드씩 주겠다고 했다. 똑같은 수를 대면 각각 5파운드씩 나눠 받는다.

딸아이가 바로 자기 생각을 말했다. "1이라고 해도 돼요?" 나는 그냥 "어, 되지!"라고 했어야 했지만 이유를 물었다. 딸의 말은 이렇다. 상대가 어떤 수를 상상하든 1은 언제나 상대의 수의 절반에 더 가깝기 때문이다. 만약 상대가 100을 상상했다고 하자. 그 절반은 50이므로 1이 50에 더 가깝다. 100보다 작은 수를 시험해봐도 마찬가지다. 만약 상대도 1을 생각했다면 무승부가 되겠지만, 이 경우에도 5파운드씩 나눠 가질 수 있다. 나는 딸아이가 이렇게 빨리 생각해 낸 게 기특했다. 그러나 이내 아들 녀석이 자기도 1을 생각했다고, 그러니까 자기도 똑똑하다고 주장했으므로 딸은 어쩔 수 없이 10파운드를 반으로 나눠야 했다.

그러나 이제 선수가 셋으로 늘었다고 상상해 보자. 그중 하나가 내 딸의 논리를 따라 1을 생각했고, 이 논리를 알아내지 못한 선수 하나가 아무 생각 없이 50이라는 수를 골랐다. 그러나 이때 세 번째 선수는 1보다 크고 50보다 작은 수를 고르는 게 좋다. 세 번째 선수가 1을 선택한다면 첫 번째 선수와 5파운드씩 나눠 가지겠지만, 그렇지 않다면 혼자서 10파운드를 차지할 것이다.

게임은 선수가 두 명이었을 때보다 훨씬 더 복잡해진다. 다른 선수들의 논리를 예상해야 하기 때문이다. 상대도 1이 좋은 수라는 걸 깨달았을까, 아니면 좀 더 큰 수를 생각했을까? 그렇다면 이 경우는 1을 선택하는 것보다는 1보다 큰 수를 선택하는 게 나을 것이다. 하지만 다른 선수들도 같은 논리로 나를 예측하려고 들지 모른다. 나는 그들의 생각에 대해 내가 어떻게 생각하는지를, 그들이 어떻게 생각할지를 내가 어떻게 생각하는지를… 무한히 생각해야 한다. 카드 게임을 하면서 편두통이 생기는 데는 이유가 있다.

이는 다중 참가자 게임 이론의 본질적인 어려움과 실제 상황에서 상황이 전개되는 방식을 보여주는 합리적 활동이다. 참고로 실제로 시험했을 때 승자는 대개 25에 가까운 수를 부른 사람이었다. 이 말은 대부분의 사람들이 상대의 생각을 딱 한 수 앞 정도만 예상했다는 뜻이다. 다시 말해 상대가 100의 절반인 50을 생각했을 거라 보고 자신은 50의 절반인 25를 선택한 것이다. 보통은 거기에서 한 단계 더 나아가 상대가 그런 자신의 수를 읽을 경우를 대비해 다시 수를 절반으로 줄이지는 않았다. 모두가 1에 도달할 때까지 말이다.

케인스는 비슷한 논리를 활용해 성공적인 증권 중개인이라면 어떻게 생각해야 하는지를 보여줬다. 그는 100명의 참가자 중에 한 사람을 골라야 하는 미인 대회 게임으로 비유했다. 게임의 승자는 가장 다수가 선택한 참가자를 고른 사람이다. 그렇다면 제 눈에 예뻐 보이는 사람을 선택해야 할까? 결국 외모란 취향의 문제다. 내가 해야 하는 일은 다른 사람이 예쁘다고 생각할 사람을 고르는 것이다. 그러나 다른 사람들도 모두 같은 생각을 하고 있다. 고로 다른 사람이 내가 어떤 사람을 가장 예쁘다고 생각할 거라고 생각하는지를 예상해야 하는 것이다.

그러므로 투자할 때는 다른 사람이 선택할 주식을 선택하려고 한다. 실제 최고의 주식이 아니라 남들이 최고라고 선택할 주식이다. 남들 역시 그러리라고 추측하는 것이다. 이는 우리처럼 사회적 동물에게 잘 알려진 집단행동이다. 그러나 이것을 수학적 측면에서 엄격한 이론으로 만들 수 있을까?

게임 이론에서 사슴 사냥은 안전과 사회적 협력 사이의 갈등을 설명하는 한 유형이다. 두 사람이 사냥을 나갔다. 각각은 사슴 사냥이나 토끼 사냥 중에 하나를 선택할 수 있다. 각 사냥꾼은 상대방이 무엇을 선택했는지 알지 못한 채 선택해야 한다. 만약 사슴을 선택했다면 성공하기 위해 파트너의 협조를 얻어야 한다. 토끼는 혼자서도 사냥할 수 있지만 사슴보다는 가치가 떨어진다. '확신 게임assurance game'이라고 알려진 이 게임에는 여러 변형된 형태가 있지만 사슴 사냥 딜레마의 원형은 다음과 같다. 한 무리의 사냥꾼이 커다란 수사슴을 쫓던 중에 사슴이 잘 다니는 길을 발견했다. 만약 모든 사냥꾼이 협력하면 사슴을 잡아 모두 나눠 먹을 수 있다. 하지만 사냥꾼이 모습을 들키거나 누구라도 협조하지 않으면 수사슴은 도망가고 모두 굶주릴 것이다.

사냥꾼들은 사슴이 지나다닌다는 길가에 숨어서 기다린다. 하지만 수사슴은 모습을 드러내지 않는다. 그렇게 한 시간, 두 시간, 세 시간, 네 시간이 지나도 길에는 개미 새끼 한 마리 얼씬하지 않는다. 사냥꾼들은 분명히 이 길로 사슴이 지나간다는 합리적 확신을 갖고 있지만 그렇다고 사슴이 매일 나타나는 건 아니다. 이때 지나가는 토끼 한 마리가 모두의 눈에 띄었다. 만약 한 사람이라도 뛰어나가 토끼를 죽이면 그는 제 배를 채울 수 있다. 그러나 수사슴을 잡으려고 놓았던 함정이 무용지물이 되면서 다른 사람들은 굶을 것이다.

사슴이 곧 나타난다는 확신은 없다. 토끼는 눈앞에 있다. 이때 사냥꾼들의 딜레마는 다음과 같다. 수사슴을 기다리는 사냥꾼은 동료 중 누군가 제 이익을 위해 다른 모두를 희생시키고 토끼를 죽일지도 모른다는 위험을 감수해야 한다. 그렇게 되면 위험은 두 배가 된다. 사슴이 끝내 오지 않을 위험 또는 다른 사냥꾼이 토끼를 죽일 위험.

책을 시작하며 언급했던 죄수의 딜레마에서처럼 이 딜레마의 한 가지 원인은 거래에 관여하는 모든 사람이 가진 정보의 양이 같지 않다는 것이다. 아마도 이것이 핵심적인 이유일 것이다. 또한 이러한 원인은 경제학에서 정보의 비대칭 문제로 이어지고, 그 해결책이 세 개의 노벨상을 낳았다. 삶을 바꾸는 변화에 대한 궁극적인 보상은 꽤나 놀랍다.

이 분야는 세 명의 노벨상 수상자 중 하나인 조지 애커로프George Akerlof가 〈레몬 시장*The Market for Lemons*〉이라는 논문을 쓸 때 소개됐다. 이 논문은 너무 혁신적이라 여러 저널에서 거부당한 끝에 어렵게 출간됐다. 이 세상에 등장한 간단하지만 심오한 모든 결과와 마찬가지로, 이 논문을 퇴짜 놓은 편집자들은 이 결과가 너무 뻔하다고 또는 경제학을 완전히 새로운 방향으로 이끌게 될 거라고 주장했다. 정말로 그랬다. 그러나 진정으로 새로운 통찰이라서 거부한다는 건 참 웃기는 논리가 아닐 수 없다.

그가 자신의 이론을 설명하기 위해 사용한 논리는 이렇다. 중고차 판매원을 생각해 보자. 이 판매원은 자기가 팔고 있는 차에 관해서는 자동차에 아주 박식한 구매자보다 훨씬 잘 알고 있다. 그가 팔고 있는 자동차의 절반이 레몬, 즉 판매가에 훨씬 미치지 못한 상태의 하자 있는 불량품이라고 해보자. 실제로는 1천만 원의 가치가 있는 차들이다. 그가 파는 차의 나머지 절반은 훌륭하고 2천만 원의 가치가 있다. 그는 모든 자동차를 평균 1,500만 원의 가격에 내놓는다. 그러나 구매자인 당신은 그가 보여주는 차가 레몬인지 아닌지 알지 못한다. 물론 그는 알고 있다.

그렇다면 문제가 무엇인지 바로 눈치챘을 것이다. 이때 구매자는 아는 게 너무 없고, 판매자는 모든 걸 알고 있다. 판매원은 불량품만 시장에 내놓고 싶은 유혹을 느낀다. 그러면 차 한 대당 최대 500만 원의 이익을 얻을 수 있으니까. 그러나 그가 좋은 차를 한 대도 팔지 않아 손해를 본 구매자들의 입소문이 퍼지면 결국 모든 손님이 떨어져 나갈 것이다. 비대칭적인 정보 때문에 시장이 실패하는 것이다.

시장은 실패하지만, 과학적 방법은 여전히 이 시나리오를 분석해 해결책을 제공하는 데 성공한다. 심지어 이처럼 다소 복잡한 상황조차 실제로 물리학자의 방식으로 분석할 수 있다. 두 가지 해결책이 제공될 수 있고, 각각 노벨상을 받았다. 둘은 서로의 거울 이미지이고 나란히 작동한다. 그중 하나는 '신호 보내기signalling'인데 이를 통해 양쪽이 제공하는 정보에 의해 균형이 이뤄진다.

데이트 중인 당신은 상대에게 자신이 훌륭한 연애 상대라는 걸 증명하고 싶다. 즉, 신뢰할 수 있고 충성스럽고 관대하고 현실적인, 그 밖에 당신이 중요하게 여기는 모든 것을 갖춘 사람이라는 신호를 주고 싶단 뜻이다. 어떻게 하면 상대에게 자신이 레몬을 팔지 않는다는 걸 확신시킬 수 있을까? 나는 사람은 너무 좋은데 데이트에 젬병인 사람들을 많이 알고 있다. 그건 그들이 자신의 장점에 대해 신호를 보내는 데 서툴기 때문이다. 오히려 끔찍한 인상을 주고 만다. 과학적 방법으로 말하자면 신호 장애가 극에 달하는 것이다.

물론 내가 다 안다고 떠벌리는 건 아니다. 그러나 정보 수집이 비대칭인 상황에서 신호를 전달하는 데 사용할 수 있는 나만의 데이트 조언이 있다.

- **질문하시오** 상대에게 관심이 있고 자기 중심적인 사람이 아니라는 신호.
자기 얘기나 자기가 얼마나 잘났는지만 얘기하지 말라. 앞에 앉아 있는 사람에 대해 궁금해하라. 상대에게도 할 얘기가 있고, 모든 사람에게는 배울 점이 있다. 누구나 대화 중인 상대가 진심으로 자신에 대해 알고 싶어 하는 걸 좋아한다. 꿀팁이 하나 있다. 질문을 했으면 답을 들어라. 상대가 예전에 이미 말했을지도 모르는 사소한 것들을 기억하려고 노력하라. 과거에 했던 농담을 다시 꺼내라. 집중하라.

- **자신감 있게 행동하라** 능력이 있고 믿을 만한 사람이라는 걸 보여주는 신호.
좋다, 어쩌면 당신의 삶은 엉망이 되고 있고, 키우던 고양이를 잃어버렸거나 논문이 잘 안 써지거나 지난밤에 크림색 카펫 위에 레드와인을 엎질렀을지도 모른다. 하지만 당신의 데이트 상대는 당신의 문제를 들어주기 위해 당신 앞에 있는 게 아니다. 거짓말을 하라는 게 아니라 일단 잠시 뒤로 미루라는 말이다. 함께 즐겁게 시간을 보내고 웃어라. 잘 안되는 일 말고 잘되는 일에 관해 말하라. 정직하지 말라는 말이 아니다. 그러나 첫인상은 중요하다. 자신의 긍정적인 부분을 골라 명확하게 보여줘라.

• **능력을 보여줘라** 자신의 강점을 보여주는 신호.

관심 있는 분야, 당신을 움직이게 하는 것들에 관해 말하라. 최근에 수행한 프로젝트에 관해 말하라. 차고를 직접 지었다거나 또는 무엇이든 능력을 보여줄 수 있는 것들을 이야기하라. 관심 있는 분야에 열의를 보이고 열정을 쏟는다는 걸 보여줘라.

• **돈을 내라** 관대함을 보여주는 신호.

물어보지 말고 먼저 데이트 비용을 지불하라. 상대와 함께하는 시간을 얼마나 소중하게 생각하는지 보여줄 것이다.

이 중 어느 하나에도 자신이 해당되지 않는다면 일단 그런 사람이 되도록 노력해야 할 것이다. 그러나 당신이 꽤 괜찮은 배우라면 그런 척 시도는 해볼 수 있을 것이다. 이런 식으로 자신이 레몬인데도 그 사실을 알리지 않는다면 데이트 상대에게 정보는 비대칭적이다. 그러나 수학적으로 봤을 때 진실은 언젠가 밝혀진다.

그렇다면 반대로 데이트 상대가 레몬이 아님을 확인할 방법이 있을까? 물론 있다. 노벨 경제학상을 받은 나머지 하나의 해결책인 '선별하기screening'가 등장한다. 다른 예를 들어 보겠다. 이제 당신은 연애 상대가 아니라 직장을 원한다. 보통 전자가 후자에 달려 있다. 내 경험상 늘 그런 건 아니지만. 당신의 미래 고용주는 당신이 진짜 열심히 일하고 수완이 좋고 헌신적인 사람이라는 걸 어떻게 믿을 수 있을까? 앞서 데이트 상대에게 그랬듯이 면접 때도 얼마든지 속일 수 있을 텐데 말이다.

고용주는 레몬을 어떻게 선별할까? 만약 고용주가 면접에 능숙하다면 올바른 질문을 하고 그에 따른 행동을 파악함으로써 진실성과 부정직함을 구별할 수 있다. 성공적인 면접관은 처음부터 끝까지 모두 선별한다. 심지어 면접 전에도 이력서를 참조해 선별을 시작할 것이다. 대표적인 판단 기준으로는 쉽게 따기 어려운 학위가 있다. 진짜 열심히 일하고 수완이 좋고 헌신적이지 않다면 누가 그런 학위를 딸 수 있겠는가? 어려운 학위를 받음으로써 이 모든 속성의 신호를 보내고, 동시에 고용주는 그 점을 물어 선별하는 것이다.

비대칭 정보 이야기의 끝은 가짜들에게 불리하다. 제아무리 뻔하다고는 해도 인생에서 최고의 전략은 충실히 자기 자신을 갖춰나가는 것이다. 그 이유는 단순하고 수학적으로도 정당화될 수 있다. 상대방을 속이는 기간이 길어지면 언젠가는 들통이 나고 만다. 인생은 장거리 달리기다. 속임수를 써서 몇 번은 이길지 모르지만, 결국 전쟁에서는 질 것이다.

그래서 비대칭 정보는 집단이 커질수록 거래에 어려움을 가져온다. 하지만 규칙을 고수함으로써 비대칭 정보는 수학적으로 균형에 도달할 수 있다. 손무孫武는 중국 춘추시대의 아주 영향력 있는 군사 전략가이자 철학자였다. 군사 전략은 인간의 가장 복잡한 사회적 행동 중 하나다. 대규모 군대가 서로 대척하는 순간에는 많은 상황이 무작위적인 인간적 요소 그리고 자연적 요소에 달린 것처럼 보인다. 히틀러가 러시아를 좀 더 일찍 침공하기로 결정했다면 어땠을까? 그가 성공한 것은 단지 날씨 조건이 좀 더 유리했기 때문일까?

손무는 반대로 주장했다. 그는 전쟁에서 성공하려면 지켜야 할 엄격한 규칙이 있다고 말했다. 그의 유명한 조언 중에는 이런 것들이 있다. "전쟁의 최고 기술은 싸우지 않고 적을 진압하는 것이다." "적을 알고 나를 알면 백번 싸워도 위태로움이 없다." 전투를 할 때 더 잘 준비하고 정보를 얻기 위해

할 수 있는 것들이 있다는 건 분명하다. 그리고 이것은 우리가 성공 가능성을 높이는 데 도움을 줄 수 있다.

그러나 손무의 규칙이 모든 군사 행동, 그러므로 대규모 집단행동을 설명할 방정식으로 공식화될 수 있을까? 또 다른 예로 니콜로 마키아벨리Niccolò Machiavelli의 《군주론》의 예를 들어보자. 이 책은 권력을 잡고 유지하는 방법을 적은 지침서다. 마키아벨리는 장차 지배자가 되려는 자가 성공하기 위해 지켜야 할 몇 가지 기본 원칙을 우리에게 알려준다. 한 규칙이 깨질 때마다 마키아벨리는 우리에게 어떻게 문제의 군주가 실제로 실패했는지에 관한 역사적 예를 보여준다.

이것이 권력에 대한 물리학적 접근일까? 마키아벨리의 원칙은 다음과 같다.

- 권력이 있는 자를 제압한다.
- 외부 세력이 명성을 얻지 못하게 한다.
- 지역의 약소 세력은 권력을 키우지 않는 선에서 내버려둔다.
- 새로 획득한 지역에 공국을 세운다. 자신의 백성들을 데려가 식민지로 만들면 더 좋다.

마키아벨리의 원칙도 손무가 조언한 방법과 크게 다르지 않다. 정확히 수학적이지는 않지만, 여기에서 벗어나면 실패한다고 말하고 있다. 안타깝지만 역사 속에서 이 원칙들은 여러 차례 검증됐다. 이는 환원주의의 한 예로서, 수학적이지는 않지만 여전히 큰 경제적 간극을 좁힐 수 있는 실행 가능한 선택 사항이다.

경제학의 오스트리아학파는 모든 사회 현상이 개인의 행동의 결과에서 비롯한다고 믿는다. 그중 좀 더 현대적인 환원주의자인 프리드리히 하이에크Friedrich Hayek를 소개하겠다. 하이에크는 환원주의자로 취급되지 않지만, 나는 그가 굉장히 뛰어난 환원주의자라고 생각한다. 가장 유명한 저서 《노예의 길*The Road to Serfdom*》은 사회가 개인주의 철학에서 벗어난 결과라고 주장되는 결과들을 담은 책이다. 그는 개인의 자유를 가장 중요하게 여기며, 개인의 자유를 훼손하기 시작한 사회는 결국 파시스트나 공산주의 같은 독재 정권이 될 수밖에 없음을 아주 논리정연하게 보여준다. 나는 하이에크가 실제 좌파 독재나 우파 독재의 근본적인 차이를 거의 보지 못했다고 생각한다. 나는 빈에서 한때 내 이웃이었던 나치 사냥꾼 사이먼 비젠탈Simon Wiesenthal의 촌철살인 같은 말을 기억한다. "왼쪽으로 왼쪽으로 왼쪽으로 가다 보면 결국 오른쪽을 만난다."

하이에크는 감정적 차원에서 많은 사람에게 호소한다. 나는 개인의 자유가 그 어떤 자유보다 우선시돼야 한다는 생각을 좋아하지만, 특히 그가 이성에 호소하려고 했던 점을 더욱 높이 산다. 그의 책은 핵심 원칙이 무시되었을 때 일어날 결과라고 자연과학자가 주장하는 방법과 가깝다. 사실 하이에크의 책은 뉴턴의 《프린키피아*Principia*》가 아니다.

하이에크가 책을 쓴 유일한 목적임에도 불구하고 그의 책에는 훌륭한 인간 사회를 특징짓는 방정식이 쓰여 있지 않다. 사실 내가 이해하기로 하이에크와 그가 속한 학파는 인간의 사회적 행동을 수학 공식으로 표현할 수 있다는 생각에 반대할 것이다. 이 점에서 나는 그들이 굉장히 잘못됐다고 믿는다. 사실 나는 그것이 미시경제학과 거시경제학의 간극을 해소할 방법이라고까지 제안하기 때문이다.

나는 거시경제학 시스템이 개인 사이의 자유로운 거래로만 설명하기에 왜 그렇게 복잡해 보이는지 분명히 알 수 있다. 그러나 그 지점이야말로 경제학의 아름다움이 존재하는 곳이다. 단순한 시스템은 이해하기가 너무 쉬워서 엄청난 관심의 대상이 되지 못한다. 만약 주택 시장의 확장과 수축이 매주 호황과 불황 사이에서 번갈아 나타난다면, 누가 경제학자 또는 언론인이 필요하다고 말하겠는가? 0이냐 1이냐를 따지는 단 하나의 정보만 기억하면 되는 기술이 지배하는 세계에서는 어떤 얼간이라도 이번 주가 호황인지 불황인지만 알면 제대로 투자할 수 있을 것이다.

현실 세계의 시스템은 더 대단하다. 실제 경제는 국가 정책, 소비자 전망에서 시민 불안에 이르기까지 상호 연결된 구성 요소의 깜짝 놀랄 만한 네트워크로 구성돼 있다. 한 구역에서의 동요가 엄청난 파문을 불러올 수 있다. 최근의 금융 위기에서 목격된 바 은행들이 '망해버리기엔 덩치가 너무 컸기' 때문에 구제된 것처럼 말이다. 이것은 풍부한 행동의 태피스트리로 귀결된다. 여기서는 단순히 호황과 불황이 반복되는 진동과 관련된 단일 정보보다 훨씬 더 많은 정보를 추적해야 한다.

복잡성의 비자명성non-triviality 또한 축복이다. 단일 정보에 따라 예측 가능한 '호황-불황' 주기로 작동하는 세계는 다소 지루하지 않을까? 복잡한 시스템은 우리 사회의 근간을 형성한다. 학교, 법원, 공장 등 다양한 기관들이 합심해 단순한 수렵채집 사회를 넘어서는 국가를 이룩해야 한다. 한편, 삶 그 자체는 복잡성을 요구한다. 우리 몸의 세포들은 일사불란하게 움직여 몸이 기능하게 한다. 복잡성이 없다면 생명은 존재하지 않을 것이다. 우주가 복잡하다고 밝혀지는 것이야말로 우리에게 더없이 행운일 것이다.

그것이 내가 여기 두바이에 있는 이유다. 복잡한 시스템에 대한 예측과 이해에 세계경제포럼이 큰 관심을 보이는 게 놀랄 일은 아니다. 그것은 금융이든, 인도주의든, 생태학이든 다음에 올 것들을 어떻게 정확하게 예측하고 완화할 것인가를 중심으로 회의가 진행됐다. 이 문제에 대답하는 우리의 능력이 우리 생존에 결정적일 수 있다. 큰 주제인 4차 산업혁명은 사회를 위한 큰 가능성을 제시한다. 증기기관의 발명에 따른 1784년의 1차 산업혁명, 전기의 발명에 따른 1870년의 2차 산업혁명, 정보기술의 발명에 따른 1969년의 3차 산업혁명은 부산물로서 사회에 좋은 일을 했다. 몇 가지만 따져봐도 유엔이 설립되고 아시아, 아프리카, 중동의 많은 식민지 국가가 독립하고, 민권운동이 시작했다. 복잡한 시스템을 이해하는 것은 인류의 생존에 필수적이다.

복잡한 시스템의 수학적 이해를 포착하는 기본 원리는 원인과 결과다. 우리는 과거에 정보를 기록하고 미래에 이를 활용함으로써 더 많은 지식과 혜택을 얻는다. 영화 〈21〉에서 MIT 졸업생들은 블랙잭 게임으로 라스베이거스의 카지노를 장악한다. 앞에서 어떤 카드가 나왔는지 잊어버리고 게임을 하면 언제나 하우스 엣지•로 끝난다. 그러나 이 정보를 추적함으로써 선수는 미래 승률을 더 잘 예측할 수 있고, 자신에게 유리하게 판세를 뒤집을 수 있다.

일반적인 프로세스를 모델링하는 것도 유사한 게임이다. 과거 정보를 기록함으로써 미래에 더 좋은 장비를 갖출 수 있다. 단순히 반복되는 장난감 같은 주식시장 시스템에서라면 이것은 간단하다. 호황인 주가 언제나 불황인 주보다 한 주 먼저 온다는 것을 안다면, 이번 주가 불황인지 아닌지 아는 한 가지 지식이 최적의 투자에 필요한 정보가 된다. 블랙잭 게임은 좀 더 복잡하지만, 표준적인 카드 계산 전략은 영리한 일반 사람들도 실행할 수 있는 방법이다. 2~6번 카드와 비교해 10과 에이스가 지금까지 얼마나 많이 나왔는지를 세는 것이다. 물론 세계경제포럼에서 연구된 시스템들은 수학

• 게임이 카지노 측에 유리하게 작용하는 현상.

자들에게 통계적 복잡도로 알려진 카지노 게임보다 훨씬 복잡하다. 이 시스템과 관련해 기록된 과거 정보의 양은 막대하다. 가장 최적의 예측을 하기 위해 기록해야 하는 과거 정보의 최소량은 과학계에서 잘 알려진 복잡성의 양이다.

그렇게 복잡한 시스템을 이해하기 위한 양자 이론의 가치는 얼핏 보기엔 역설적으로 보일 수 있다. 그것이 카드 게임이든 경제의 밑바탕이 되는 제도든 그와 관련된 개념은 모두 단순히 고전적인 것이다. 그런데 어떻게 양자 모델링이 도움이 될 수 있을까?

많은 프로세스, 심지어 최적의 고전 모델조차 낭비가 큰 것으로 드러났다. 미래와 연관이 없는 과거에서 온 정보까지 요구한다. 예를 들어 호황-불황 경제가 간단히 변형된 버전을 생각해 보자. 호황이 일어날 때마다 불황이 완전히 보장되는 대신, 이를테면 $p = 0.8$의 확률로 불황이 일어난다고 가정해 보자. 이제 저번 주가 불황이었는지 호황이었는지를 나타내는 변수 X를 두자. X가 미래 사건의 원인인 것이 분명하므로 미래의 유익한 투자를 위해 기록돼야 한다. 그럼에도 불구하고, 또한 우리가 미래 전체를 다 관찰한다고 해도 우리는 전주가 불황이었는지 호황이었는지를 확신할 수 없을 것이다. 우리가 저장한 정보의 일부는 미래 통계를 전혀 반영하지 않는다. 그래서 낭비된다. 잠재적인 결과는 카지노에서 게임을 하는 것을 넘어선다.

1961년에 물리학자 롤프 랜다우어는 낭비된 모든 정보 하나하나에도 에너지가 추가적으로 발생한다는 사실을 증명했다. 정보의 낭비가 곧 에너지의 낭비다. 컴퓨터 사용으로 환경이 뜨거워지는 것이 세계경제포럼의 큰 화두였고, 나는 여기에 놀라지 않을 거라고 확신한다.

여기에 양자 논리가 개선점을 제공할 수 있다. X는 일정한 값을 가지지 않아도 된다. 우리는 'X = 호황'과 'X = 불황'의 조건을 '0'과 '1'의 중첩으로 저장할 수 있다. 따라서 우리는 저번 주가 불황이었는지 호황이었는지를 기록하고 잊어버리는 중첩 상태에 있을 수 있다. 또 이 간단한 경제 문제를 정확하게 시뮬레이션하는 데 필요한 정보의 양을 상당히 절약할 수 있다.

어쩌면 이런 식으로 양자 모델링은 미시경제와 거시경제의 간극을 좁히는 데 도움이 될지도 모른다. 비트의 일부를 절약하는 게 대수냐고 생각할 수도 있지만 이 전략은 일반화된다. 프로세스가 복잡할수록 정해진 현실을 가정하는 비용은 더 커진다. 양자 정보를 저장하고 처리하는 능력이 있는 사람에게 우주는 훨씬 덜 복잡해 보일지도 모른다. 이것은 복잡성의 개념이 궁극적으로 우리가 사용하는 정보 이론에 따라 달라지는 새로운 패러다임을 제시한다.

✦ 6장 ✦

사회생물학

SOCIOBIOLOGY

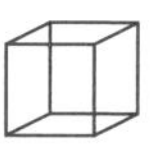

인간의 행동이 일부를 차지한다는 이유로 경제 시스템을 복잡한 태피스트리라고 부른다면, 전적으로 인간의 행동으로만 구성된 사회 시스템은 어떨까? 사회적 수준에서는 무엇이 작동하고 무엇이 실패할까? 이 주제는 계속해서 흥미를 끌고 있다. 반反이상향의 소설은 앞으로 다가올 것을 예측하고, 또 놀라울 정도로 잠깐만 펜을 놀리면 현사회의 문제가 엄청난 악몽으로 둔갑하기 때문에 많은 작품이 나오고 재미 또한 있다. 이런 작품들은 우리 자신의 행동을 희석된 형태로 인지하기 때문에 설득력이 있다.

나는 지금 브뤼셀에서 열린 유럽 연구 이사회 연구비 심사에 심사위원으로 참석해 상상할 수 있는 온갖 연구 제안들을 들으며 며칠간의 심사를 시작했다. 비행기를 타고 이곳까지 오는 동안 러시아 작가 예브게니 자먀틴Yevgeny Zamyatin의 《우리들*We, a tour de force*》•이라는 소설을 읽었다. 덕분에 연구비 신청 발표를 듣는 동안 탁자 밑에 두고 읽을거리가 없어졌지만, 소설의 마지막 장쯤까지 읽었을 때 나는 도저히 책을 덮을 수 없었다.

《우리들》은 미래를 배경으로 한 소설이다. 우주선 공학자 D-503은 단일제국에 살고 있다. 나라 전체가 유리로 돼 있어 감시가 용이한 도시 국가다. 이 국가의 구조는 팬옵티콘Panopticon과 유사하다. 팬옵티콘은 18세기 후반에 영국 철학자이자 사회 이론가인 제러미 벤담Jeremy Bentham이 설계한 일종의 건축 양식이다. 기본적으로 제도 안의 모든pan 수감자가 자신이 감시당하는지 아닌지 알지 못하는 상태로 단일 감시자에 의해 관찰되도록opticon 설계됐다.

게다가 팬옵티콘에서는 사람들의 생활을 프레드릭 윈슬로 테일러Frederick Winslow Taylor의 스타일을 따라 과학적으로 관

• 이 책에 대해서는 https://en.wikipedia.org/wiki/We_(novel)를 참조하기 바란다.

리한다. 사람들은 서로 발맞춰 행군하고 제복을 입으며 각자에게 부여된 숫자로 서로를 부른다. 사회는 법이나 사회 건설에 필요한 일차적인 정당화의 기준인 논리나 사유에 의해 엄격히 운영된다. 개인의 행동은 단일제국이 틀을 잡은 공식이나 등식에 의한 논리를 따른다.

분명 지금까지 이처럼 엄격한 사회 구조는 없었다. 그러나 오늘날의 북한처럼 일부 국가는 놀라울 정도로 이 구조에 가깝다. 그래서 이 소설을 읽을 때면 팔에 소름이 돋는 것이다. “마르크스는 옳았다. 단지 잘못된 종을 선택했을 뿐”이라고 사회생물학의 창설자 에드워드 윌슨Edward O. Wilson은 말했다. 개미의 행동을 광범위하게 연구한 윌슨은 공산주의가 인간이 아닌 개미를 더 잘 묘사한다고 했다. 개미는 각자의 역할이 전적으로 유전자에 의해 결정된 공동체에서 생활한다. 짐작건대 개미들은 서열에 의문을 표하거나 ‘위에서’ 부여한 사회 질서에 반항하지 않는다. 그러나 수많은 장기적인 시도와 이면의 훌륭한 의도에도 불구하고 인간 사회에서는 이러한 체계가 성공한 적이 없다.

윌슨의 분야인 사회생물학은 ‘모든 사회 행동의 밑바탕에 있는 생물학적 기초를 체계적으로 연구’하는 학문이다. 사회적 행동을 생물학적 행동이라는 용어로 이해할 수 있다고 주장하므로 논란의 여지가 있다. 그리고 '자유의지'를 건드리기 때문에 특히 인간에게는 민감한 주제다. 우리는 인간 본성에서 최소한 일부는 벗어나 있고, 자신의 행동을 선택할 수 있다고 믿고 싶어 한다. 개미 같은 하등한 종의 삶은 유전자에 의해 결정됐을지 모른다. 그러나 인간이라고 정녕 자유롭긴 한가?

브뤼셀은 《우리들》에 새겨진 발상들을 곱씹고 대집단을 이뤄 협업하는 인간 활동을 생각해 보기에 적절한 장소다. 브뤼셀은 관용과 자유지상주의의 진정한 사례로서 지난 몇십 년간 이민자와 국외거주자들을 받아들였다. 제2차 세계대전이 끝날 무렵부터 브뤼셀은 국제 정치의 주요 중심지이자 수많은 조직, 정치인, 외교관, 공무원들의 본거지가 됐다. 게다가 유럽 연합의 수도로서 극도로 많은 언어들이 난무하는 곳이다. 나는 이 도시의 가장 크고 멋진 광장인 그랑 플라스의 한 카페 테라스에 앉아 거리에서 오가는 대화를 들으며 이를 몸소 체험하고 있다.

사회생물학이 잃어버린 고리가 될 수는 없을까? 생물학으로 개별 인간의 행동을 설명할 수 있다면 분명 대규모 경제

활동뿐만 아니라 사회학으로 대변되는 인간의 거시적 행동까지 설명할 수 있을 것이다. 확실히 해두자면 사회를 자연과학으로 환원하려는 시도를 윌슨이 처음한 것은 아니다. 영국 빅토리아 시대의 경제학자 월터 배젓Walter Bagehot은 저서 《물리학과 정치학*Physics and Politics*》에서 이 점을 정확하게 기술했다. 이 책은 제목이 암시하는 바와 달리 정치학을 물리학으로 환원하는 얘기가 아니라 다윈의 진화생물학 개념을 사회 발달에 적용한 것이다. 비록 그가 과학적 완벽성의 모델로 뉴턴의《프린키피아》를 염두에 두긴 했지만 말이다.

빅토리아주의는 차치하고 배젓이 쓴 흥미로운 구절을 인용한다. "프랑스인이나 아일랜드인처럼 대단히 고상한 인종들조차 뒤숭숭한 시대에는 안정을 찾지 못하고 순간의 열정과 발상이 결정하는 대로 어디든 휘청거리고 다니는 것 같다. 그러나 이런 현상을 제대로 해결하려면 국가의 특성이 관습의 지배에서 해방되고 선택에 대비하는 양식을 검토해야 한다."

관습의 기대나 전통이 없다면 우리의 선택과 자유는 생물학적으로 작동할까? 앞에서 살펴본 것처럼 다윈의 진화생물학은 시간에 따른 적응에 관한 이론으로서 주어진 환경에 가장 잘 적응한 개체가 살아남고 결과적으로 새로운 생물체가 생성되는 과정을 설명한다. 사회적 행동도 비슷할까? 인간이 집단으로 행동하게 만드는 건 무엇일까? 사회과학의 간극이란 결국 개인의 행동을 시민이나 한 국가의 국민과 같은 대규모 군중의 행동과 조화시키는 일에 달렸다.

나는 내가 현재 사는 곳에서 조금 더 가까운 또 하나의 아주 열린 도시를 생각하고 있다. 공산주의와 자유주의의 주창자가 나란히 묻혀 있는 도시, 나는 런던과 런던의 유명한 하이게이트 묘지를 말하는 것이다. 여기에 칼 마르크스와 허버트 스펜서의 묘지가 있다. 마르크스의 묘지는 런던에서 사람들이 가장 많이 방문하는 곳 중 하나다. 사람들이 하이게이트 묘지를 찾는 것도 그 때문이다. 덤으로 달리 비슷한 곳을 찾을 수 없을 만큼 아름답고 고요한 장소에 있다는 걸 알게 된다.

포괄적으로 말해 마르크스의 관점은 모든 개별성의 예를 억압하는 데 있다. 이 입장에서는 사회의 이익만이 가장 중요한 결과물이다. 스펜서가 주장하는 것은 그 반대다. 사회 같은 것은 없다. 그저 수많은 개인이 떼로 모여 있을 뿐이다. 방금 나는 마거릿 대처를 '잘못' 인용했지만 당신이 내 의도를 이해했으리라고 생각한다. 이 두 관점 모두 개인과 사회 사이에 충돌은 없다. 개인이든 사회든 둘 중 하나를 부인하기 때문이다. 그 밖의 사회적 관점은 둘 사이의 어디쯤에 있다. 사실 요즘 자유주의자들은 시민의 임금을 예로 주장하면서 간섭주의적으로 변모하고 있다. 또 중국 정부만 봐도 공산주의자들은 좀 더 자유시장에 친화적으로 바뀌고 있다. 이게 세계적 추세일뿐더러 어쩌면 더 나은 선택일지도 모른다. 인간 사회에서 균형이란 걸 모색할 수 있다면 모두 적절히 혼합해도 괜찮을 것이다. 극단은 비효율성으로 이어지고, 제대로 돌아가는 사회라면 중립에 가까워질 것이다.

나는 이번 안식년에 베이징에서 많은 시간을 보냈다. 중국의 역사를 배우는 건 즐거운 일이었다. 어느 면에서 중국 역사는 피에 굶주린 역사다. 베이징의 자금성은 명과 청이라는 두 왕조의 터전으로 총 24명의 황제가 화려하고 격동적인 역사를 기록했다. 15세기 초에 지어진 자금성에는 900여 채의 건물과 9,000여 개의 방과 곁방이 있다.

자금성은 동양의 단순함과 아름다움이 어우러진 대표적인 건축물이다. 자금성 내부의 가장 화려한 건물들은 황제와 여제의 생활공간이었다. 나머지 공간은 1,000명의 후궁을 포함한 궁인들의 것이다.

후궁이 1,000명이라고? 황제의 관심을 끌기 위한 경쟁을 상상할 수 있겠는가? 중국 야사에는 황제의 눈에 들어 며칠 밤을 함께 보내기 위해 우연을 가장한 만남을 계획한 후궁들의 교활한 이야기가 판을 친다. 황제의 씨를 잉태하는 건 거의 백만분의 일의 확률로 로또에 당첨되는 수준이다. 그러나 당첨된다고 해도 당첨금은 보장되지 않는다. 황제의 아이, 특히 황위를 물려받을 수 있는 아들을 키우는 후궁은 제 아들이 황제 자리를 물려받게 하기 위해 어떤 식으로든 경쟁자를 제거해야 한다. 이렇게 밀접한 '가족' 안에서 모의, 질투, 배신, 살인은 차를 마시는 것만큼이나 흔하게 일어난다.

영국 태생 인도 과학자인 홀데인은 두 형제 또는 네 명의 조카 또는 여덟 명의 사촌을 위해 기꺼이 목숨을 바치겠다고 농담을 하곤 했다. 이후에 윌리엄 해밀턴William Hamilton이 이 말을 공식으로 정리했다.

공식에 따르면 개체군 안에서 빈도는 $rB > C$일 때 증가해야 한다.

• r = 행위자에 대한 수혜자의 유전적 연관도. 보통 동일한 유전

자 좌위locus에서 무작위로 뽑힌 유전자가 자손에서 동일할 확률로 정의된다.

- B = 이타주의적 행동으로 수혜자가 얻는 추가적인 번식적 혜택.
- C = 행동을 수행하는 개인에게 드는 생식적 비용.

다시 말해 개체군의 빈도는 유전적 이익이 죽음의 비용을 초과할 때 증가한다는 뜻이다.

유럽에서도 피에 굶주린 살육은 똑같이 일어났다. 장미 전쟁 당시 영국 왕실에서는 15세기 말까지 200년 넘게 왕위를 다투는 전쟁에서 47건의 살인이 일어났다. r값이 8밖에 안 된다. 다섯을 제외한 나머지가 사촌이었다. 다섯 중 둘은 형제이고 셋은 조카였다. 여기에는 리처드 3세가 두 명의 조카를 죽인 것처럼 심증은 있지만 확인되지 않은 사건들은 포함되지도 않았다.

해밀턴의 오싹한 논리에 따르면 형제 한 명을 구하기 위해 최대 네 명의 사촌 또는 두 명의 조카를 해치울 준비를 해야 한다. 반대로 왕인 형제를 제거해 왕위에 오르기 위해, 다시 말해 다섯 명 이상의 사촌이나 세 명 이상의 조카를 살리기 위해 형제 한 명을 죽일 수도 있다. 기록에 남은 살인 중에서 해밀턴의 공식을 위배하는 건 없다. 사실 역사 속 왕의 시해 사건은 이 공식을 시험할 좋은 경기장이다.

이런 종류의 친족관계는 너무 깊이 각인돼 자신이나 사촌에게 직접적 이익이 없을 때도 무의식적으로 따르게 된다. 최근 한 실험에서 사람들을 대상으로 숨을 얼마나 오래 참는지 시험을 했다. 피험자들은 단지 기록을 세우기 위해서라고 했을 때보다 형제를 위한 일이라는 얘기를 들었을 때 훨씬 더 오래 숨을 참았다.

유전학은 인간 행동의 여러 측면에서 직접적인 영향을 미치며, 분명 인간이 창조한 사회 구조에도 영향을 준다. 우리는 일반적으로 가족에게 엄청난 충성심을 느낀다. 이때 그 감정이 가족이라는 좁은 원 밖에 있는 사람들에게까지는 잘 확장되지 않는다. 유전학을 넘어 친구에게까지 이 원을 확장시키는 방식 또한 친족관계 논리에 세워진 행동을 반영한다.

그래서 불가피하게 혼돈으로 향하는 내리막길에 저항하는 전투에서 원자에 더 강한 내구성을 제공하기 위해 분자가 발명돼야 했다. 다음에 분자는 DNA처럼 자신을 복제하는 분자를 만들었는데 이때 구조의 수명이 상당히 연장됐다. 이후 DNA는 운반체인 식물과 동물을 설계해 필연적인 퇴화 과정으로부터 더 보호받았다. 마지막으로 무리, 집단, 가족, 국가처럼 더 큰 구조물이 자연적으로 형성돼 특정한 물리적 구조체가 개별 원자의 용량을 크게 넘어서서 오래도록 지속하게 했다. 이렇게 사회 구조는 우리의 생존을 보장한다.

사람들과의 모든 상호관계가 앞서 살펴봤던 죄수의 딜레마와 같은 형태인 사회 속 개인을 상상해 보자. 그곳에서 각자는 협력할지 배신할지 독립적으로 결정해야 한다. 이것은 단순한 두 사람 간의 상호작용에서 어떻게 큰 규모의 특징이 일어나는지 이해하게 돕는다. 여러 개인과 수차례 소통하면서 우리는 사실상 때로는 협력하고 때로는 배신하며 평균적으로 무작위적인 전략을 따르는 한 개인으로 인지한다. 그리고 자신도 혼용된 전략을 구사해 협력과 배신을 결정한다.

다음 논리는 왜 시간이 지나면 협력의 가능성이 줄어들고 마침내 0이 되는지를 설명한다. 이는 사회의 모든 구성원에게 적용되므로 불행히도 사회 전체는 필연적으로 모두가 협력하지 않는 상태가 될 것이다. 이는 협력의 가능성이 협력과 배신의 결과가 나타내는 차이에 비례해 변하기 때문이다. 개인에게 돌아가는 보상은 배신할 때 더 크므로 결국엔 협력하는 자의 비율이 떨어진다. 멋지다. 자신의 이익만이 유일한 동기 부여가 돼 모두가 서로의 등에 칼을 꽂을 것이다. 이 얼마나 아름다운 사회인가.

이런 진실에서 벗어날 방법이 있을까? 다행히도 대답은 '그렇다'이다. 인간에게 참 좋은 소식이 아닐 수 없다. 그 방법이란 인간이 아주 잘하는 것, 즉 다른 사람을 따라 하는 행동에 달려 있다. 그랑 플라스 주위를 살펴보고 있으면 대부분 사람들이 보이지 않는 어떤 일에 일제히 협력하는 듯 보인다. 내 눈에 일반적인 행동 방식에서 '벗어나는' 것처럼 보이는 행동은 없다. 왜일까? 배신의 보상이 더 큰 상황에서 왜 다른 사람을 따라 할까? 협력자들이 군집을 형성하고 그 군집 안에서는 모방이 곧 더 많은 협력을 이끄는 안정적인 구성이 있다는 게 대답이다.

그 안에 머무는 것은 안전하고, 곧 관계와 공동체로 이어진다. 그러나 협력자 군집의 유일한 약점은 사회의 배신자들이 형성하는 경계다. 그러나 그 경계조차 안정적인데, 그건 바깥의 배신자들만큼이나 수가 많은 집단 안에서 사람들과 상호작용할 때 여전히 뭔가를 얻을 수 있기 때문이다. 평균적으로 경계 지역의 협력자들은 실제로 본전치기한다. 내부에 있는 사람들은 상호작용할 때 윈윈한다. 그러므로 협력자들로 구성된 군집은 배신자들을 많이 마주칠 때조차 사회에서 보호돼 살아남는다.

사회생물학은 생물학과 인간 사회의 간극이 인위적이라는 전제를 깔고 있는 분야다. 즉, 모든 인간 사회에서 발생하는 구조는 사실 그저 유전학의 자연적인 확장에 불과하고, 그러므로 유전적이다. 이유를 찾기는 어렵지 않다. 유전학은 인간의 신체적 구성은 물론이고 심리적 특징까지 지배한다. 그러므로 인간의 행동은 머리카락 색이나 코의 모양처럼 유전을 토대로 선택된다. 가까운 개인 40~200명이 모여서 형성된 초기 인간 사회의 구성은 유전 법칙에 따라 직접적으로 결정된다. 이 초기 사회의 일부는 살아남지만 대부분은 그렇지 못하다. 그러므로 생물학적 선택은 '최적의 사회가 살아남게' 공고히 하는 쪽으로 작용한다.

윌슨은 "지성은 원자나 심지어 자신을 이해하기 위해서가 아니라 인간 유전자의 생존을 촉진하기 위해서 만들어졌다"라고 주장했다. 그는 또한 '종교적' 믿음이 실제로 생존 메커니즘을 가능케 한다는 인식이 커지고 있다고 강조했다. 도덕 역시 "인간의 유전 물질이 지금처럼 온전하게 유지되고 앞으로도 그렇게 되도록 만들 또 다른 기술에 불과하다".

많은 사회생물학자가 인간은 물론이고 동물의 행동을 연구한다. 동물도 대개 사회적인 존재이며 인간과 동등한 수준이거나 때로는 그 이상이다. 새로 지배권을 장악한 수컷 사자는 보통 무리에서 제 자식이 아닌 새끼를 죽인다. 이런 행동은 진화적 측면에서 적응의 형질이다. 남의 새끼를 죽이는 건 곧 제 자손의 경쟁자를 제거한다는 뜻이고, 또 암컷이 다시 빨리 발정기에 들어서 제 유전자가 개체군에 더 많이 퍼질 가능성을 허락하기 때문이다. 사회생물학자들은 이처럼 남의 새끼를 죽이는 본능이 번식에 성공한 수컷 사자의 유전자를 통해 대물림된 것으로 본다. 반면 죽이지 않는 행동은 그런 행동을 보이는 사자들이 번식에서 덜 성공했기 때문에 사라질 것이다. 중국의 청과 명 왕조, 장미 전쟁 당시 영국의 왕족들과 크게 다르지 않다.

협력과 관련한 문제를 공격해 엄청난 파장을 일으킨 책이 바로 로버트 액설로드Robert Axelrod의 《협력의 진화》라는 책이다. 이 책에는 등식이 나오지 않지만, 액설로드는 어떻게 물리학이나 생물학에서 사용된 수학을 사용해 협력을 이해하는지 보여준다. 인간 행동의 기저에 유전자의 이기적인 속성이 있다고 주장하는 도킨스의 《이기적 유전자》와 액설로드의 책을 연결해 생각하면 협력은 불가사의한 행동이 된다. 왜 우리는 실제로 다른 사람들과 협력하는가? 왜 우리에게는 이런 속성이 내장됐는가? 왜 한 사회와 부족은 다른 부족이나 사회와 협력하는가? 액설로드는 이 문제를 다루면서 수학의 게임 이론을 사회 행동에 적용해 충돌과 협력을 이해하고자 하는 하나의 완전한 분야를 만들었다.

흥미롭기 그지없는 그의 아이디어는 다음과 같다. 밑바탕에 이기적 성향이 깔려 있다고 하더라도 우리는 단지 누군가와 계속 소통하고 교류하도록 강요되기 때문에 그 과정에서 협력이 진화한다. 딱 한 번 접촉하고 만다면 협력할 동기가 생기지 않는다. 그러나 수학적으로 볼 때 다른 사람들이 하는 일을 확인하고 검증할 수 있는 곳에서 한 사람과 계속 만나고 소통해야 한다는 걸 인지하고, 결정적으로 그러한 소통이 얼마나 길게 이어질지 예측할 수 없다면, 계속 이기적으로 행동하는 대신 협력으로 전환하는 게 더 낫다. 액설로드는 수많은 컴퓨터 시뮬레이션을 거치고 사람과 일부 동물의 시험을 통해 협력이 진화할 수 있음을 보여줬다. 비록 우리의 일차적인 본능은 자신의 이익을 보호하는 것이지만, 진화는 실제로 협력을 선호하는 것처럼 보인다는 측면에서 이 책은 매우 낙관적인 책이다. 결국 연결이란 그 모든 것에 앞서 인간이 깊이 추구하고 있는 것 아닌가?

지난밤 나는 동료의 초청을 받아 브뤼셀 라 모네 왕립극장에서 오페라 〈카프리치오〉를 관람했다. 공연도 훌륭했지만 나는 오히려 청중을 바라보며 사회적 행동에 관해 곱씹고 박수란 얼마나 훌륭한 사회적 자기 조직의 사례인지 새삼 생각했다. 멋진 공연이 끝난 직후 관중들은 초반에 조율되지 않은 잠깐의 시간이 지나면 매번 모두 동시에 같은 빈도로 손뼉을 친다. 이런 동기화는 동남아시아에서 반딧불이들이 불빛을 깜빡이는 것에서부터 귀뚜라미 소리까지, 화학 반응의 진동에서부터 오래 함께 살아온 여성들의 생리 주기에 이르기까지 많은 생물학적, 사회학적 과정에서 일어난다. 리듬감 있는 박수는 경험적으로나 이론적으로 관심이 높은 탐구 대상이었다. 초기의 선구적인 연구에서 훌륭한 연극이나 오페라 공연이 끝나고 들리는 박수 소리를 녹음했다. 연구진은 마이크를 청중으로부터 좀 떨어진 곳에 그리고 무작위적으로 선택한 자리에 설치했다. 청중으로부터 조금 떨어진 곳 또는 관객들 중 하나로부터 들리는 소음의 강도를 측정한 결과, 리듬감 있는 박수가 이어지는 동안 신호는 주기적으로 변하고 소리의 평균 강도는 줄어들었다. 이런 현상은 의식적으로 일어나지 않는다. 사람들은 자연스럽게 조정하고, 독립적 행동 자체로 무리의 행동이 된다.

만약 공연 중에 화재경보기가 울리면 독립적 행동 대 무리 행동의 예를 다시 한번 보게 될 것이다. 만약 모두가 독립적으로 행동한다면 사람들의 과도한 신체적 압박과 움직임 때문에 하나의 좁은 출구로 방을 빠져나가기가 어려울 것이다. 간헐적으로 출구가 막히는 바람에 연속적으로 흐름이 지속되지 못하고 사람들은 비규칙적으로 탈출을 시도하게 된다. 접촉한 사람들의 마찰 때문에 방을 비우는 데 걸리는 시간은 개인의 속도가 최적화됐을 때 최소가 된다. 즉, 개인의 속도가 높을수록 전체 탈출 시간은 증가한다는 말이다. 이를 '빠를수록 느린' 효과라고 한다.

만약 진짜로 화재가 일어났다면, 누군가 우연히 출구 옆에서 있지 않는 한 나가는 곳을 보지 못한 채 연기 나는 극장에서 탈출해야 한다는 뜻인가? 그런 경우라면, 일단 출구를 먼저 찾아야 하므로 사람들은 선호하는 운동 방향이 없을 것이다. 그렇다면 독립적으로 행동하는 것과 가까이 있는 사람들의 행동에 의존하는 것 중 어떤 게 더 효과적일까? 그 과정은 독립적 움직임과 집단행동의 상대적인 중요성을 표현하는 공포를 매개 변수로 도입함으로써 모형화될 수 있다. 생존 기회의 최적값은 개인이 주도적인 행동과 무리를 쫓는 두 전략을 혼합했을 때 나타났다.

다른 예를 들어보자. 파도타기는 일관성 있는 집단 움직임의 또 다른 좋은 예다. 교양 있는 공연 중에는 절대로 라 올라La Ola라고 불리는 파도타기가 일어나지 않을 것이다. 이 특이한 현상의 모델은 흥분하기 쉬운 집단에 관한 문헌에서 착안했다. 여기에서 한 시스템의 단위체는 이웃의 활성 단위체의 밀도가 임계치를 넘으면 비활성 상태에서 활성 상태로 전환한다. 흥분하기 쉬운 대상에 대한 이웃의 영향은 대상과의 거리가 멀어지면서 감소하고, 이웃이 파도가 밀려오는 쪽에 있으면서 자극을 전달할 때 더 높다. 전체적인 이웃의 영향력은 관중의 활성 역치와 비교되는데, 특정 값 범위 안에서 균일하게 분포돼 있다. 이 과정이 시작되려면 관중 집단이 임계 질량을 초과해야 하는 것으로 밝혀졌다. 이 모델은 진짜 파도의 크기, 형태, 속도, 안정성을 그대로 재현한다.

결론

사회과학과 자연과학

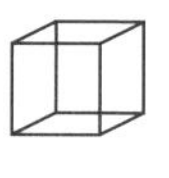

당신은 내가 이 책의 중간에 언급한 러더퍼드의 "과학은 물리학, 아니면 우표 수집이다"라는 다소 도발적인 발언을 기억할 것이다. 그것은 물리학보다 복잡한 다른 과학들이 논리적으로 서로 연관되는 현상을 체계적으로 이해하기보다는 알려진 사실을 수집하는 과정에 더 가깝다는 뜻이다. 그러나 이처럼 '좀 더 복잡한 과학'은 러더포드 시대 이후로 엄청난 발전을 거듭했다. DNA의 발견은 모든 생명체가 공통된 실 가닥으로 연결됐다는 진화론을 한층 뒷받침했다. 따라서 모든 복잡한 생명체는 간단한 형태의 생명체로 환원될 수 있다.

사회과학 또는 인간의 행동은 생물학이라는 자연과학과 꽤 수월하게 짝을 지을 수 있다. 그렇다면 물리학의 위치는 이 그림에서 어디쯤일까? 가장 낙관적인 환원주의자조차 사회과학이 생물학으로 설명되는 것과 같은 방식으로 물리학으로 '환원될' 수 있다는 점에서는 회의적일지 모른다. 실제로 물리학이 생물학과 같은 방식으로 사회적 행동을 이해하는 데 도움을 줄 수 있을까?

종종 환원주의는 한 이론에서 다뤄진 현상을 다른 이론의 언어로 이해하는 형태를 취한다. 그 강력한 동기는 인류의 모든 지식을 한 세트의 원리로 축소해 모든 과학에 통합된 언어를 제공하고자 하는 데 있다. 그러나 내가 이제 와서 추측할 수 있는 대환원의 진정한 추가 이점은 한 이론에서 무계획적으로 보였던 무언가를 더욱 깊은 논리를 통해 좀 더 단순한 방식으로 설명할 수 있다는 희망이다.

이 여정의 추측성 결말에서 우리는 생명이 물리학의 열역학 법칙에 순응할 필요에 따른 가능성에 관해 이야기했다. 그뿐만 아니라 어쩌면 현재 생물학에서 가장 중요한 미스터리인 생명 시스템의 최초 등장조차 사실은 열역학적으로, 즉 일과 열 방출에 관한 물리 법칙의 측면에서 좀 더 효율적이어야 할 필요에 따른 결과일 가능성도 살펴봤다.

그리고 옳다, 괴델과 튜링의 가정이 남아 있는 한 우리가 현재의 접근법으로는 답을 얻지 못할지도 모르는 질문들이 있을 것이다. 그러나 화학적 동역학의 핵심을 설명할 수 없다고 해서 우리가 양자물리학이라는 미시적 법칙으로 생명을 이해하는 걸 막을 수는 없을 것이다. 혹시 자연과학과 사회과학 사이의 간극에서도 마찬가지이지 않을까?

예전에 팀 말로Tim Marlow가 진행하는 BBC 라디오 인터뷰에 나간 적이 있다. 놀랍게도 그 자리에서 유명한 역사학자 니얼 퍼거슨Niall Ferguson을 만났다. 나는 어린 시절에 그의 책 몇 권을 읽은 이후로 논란을 몰고 다니는 그의 발상에 언제나 관심이 있었다. 아마도 가장 큰 논쟁을 불러온 부분은 대영제국이 대체로 긍정적인 기업이라는 자유주의 경제에 대한 주장일 것이다. 그러면서 이제는 미국이 영국의 청사진을 그대로 사용해 세계를 제대로 장악하고 지배해야 한다고 부르짖었다. 사실 나는 그의 복잡한 주장을 조금 단순화해서 말했다. 어쨌든 나와는 직접적인 연관성이 없는 주제에 관심이 있는 퍼거슨이 반대편에 앉아 있어서 놀랐다. 당연히 그로부터 많은 공감을 받을 거라고 기대하지 않았고 어차피 별로 개의치도 않았다. 어쨌거나 양자물리학자들은 굉장히 똑똑할 거라는 (잘못된) 통념 덕분에 나는 유리한 위치에 있었으니까. 인터뷰 중간에 나는 고의적으로 물리학은 내 관점에서 인간의 가장 근본적인 지식 탐구 과정이라고 말했다. 나는 도발적인 자세로 그를 보면서 그가 여기에 반발해 역사가 훨씬 중요하다고 주장하길 기다렸다. 그러나 놀랍게도 그는 고개를 끄덕였다. "사실, 저도 그 말씀에 동의합니다. 우리 엄마도 물리학자셨어요."

앞선 여정에서 우리는 만약 중력이 열역학적 양자 효과로 이해된다면 양자물리학과 중력의 간극이 사라질지 논의했다. 만약 우주에 있는 양자장 전체의 모든 떨림이 더해진다면 그 에너지는 중력을 설명하고도 남는다. 그래서 어쩌면 중력은 근본적인 힘이 아니며 따라서 정량화할 필요도 없을지 모른다. 그것은 중력자가 결코 감지되지 않을 거라는 사실로 명확히 예측될 수 있다. 만약 중력자가 존재한다면 이 생각은 틀린 것이다.

또한 우리는 많은 사상가가 생명 그 자체를 열역학의 결과로 추측했다는 걸 알게 됐다. 그들 중 일부는 적절한 조건만 주어진다면 생명은 사실상 열역학적 필연이라고 강하게 주장하는 사람도 있을 것이다. 이 말은 물질 덩어리를 강한 에너지속energy flux의 영향권에 두면 조만간 살아서 번식을 시작한다는 뜻이다. 그렇게 되기에 필요한 조건 일체와 생명의 정확한 정의는 내리지 못하고 있지만 이 발상은 꽤나 매력적으로 들린다. 괴물의 구상을 앞둔 빅터 프랑켄슈타인 박사처럼 들릴 위험을 무릅쓰고 말하자면 생명 체계와 생명이 없는 물질 사이의 간극은 간단히 사라질 것이다.

생명의 필연성은 오랫동안 많은 사람을 괴롭혀왔던 '목적의 문제'를 포함해 다양한 이유에 호소하고 있다. 호소력이 큰 건 인정하지만, 과연 실험으로 입증할 수 있을까? 일반적인 진화론에 따르면 새로운 돌연변이는 그 변이를 운반하는 개체의 생존에 의해 선별된다. 즉, 쉽게 죽어나가지 않는 것들을 말한다. 그러나 만약 열역학이 돌연변이의 한 원인이라면 레이저 광선처럼 적절한 외부 요건들을 설계해 바람직한 돌연변이를 유도할 수 있다는 상상도 가능하다. 이런 실험은 다른 돌연변이원들을 모두 제거해야 하므로 어려움이 있다. 돌연변이를 일으킬 다른 진화적 압력이 없는 상태에서 오로지 열역학만으로 일어난다는 걸 보여줘야 하기 때문이다.

한편 다양한 사회 구조 역시 몰리고 흩어지기 쉬운 자기 조직 시스템의 한 형태는 아닐까? 다시 말해 적합한 기후, 지리, 토양 등의 조건이 주어지면 사회 구조도 자연적으로 발생하겠냐는 말이다. 복잡한 생물도 서로 협력함으로써 공생적으로 이익을 얻을 수 있는 단순한 생물들이 모여서 자연스럽게 조직된 것처럼, 인간도 함께 살면서 상호 이익을 위해 더 큰 사회 구조로 합쳐진 걸까? 이 간단한 논리에 따르면 인간 사회는 그저 살아 있는 유기체의 훨씬 더 큰 형태일 뿐이다.

우주의 대부분은 생명의 진화를 강제할 적절한 조건을 갖추지 못했다. 생명이 없는 물질이 일상적으로 제공하는 엔트로피만 충분히 생산될 뿐이다. 그러나 지구와 같은 곳에서는 엔트로피 생산을 최대화하기 위해 생명이 없는 물질이 좀 더 효율적으로 조직되도록 강제하는 강한 에너지 흡수가 지속적으로 일어난다. 이것이 생명과 생명이 발생하는 구조가 된다. 훨씬 높은 수준의 복잡성과 조직에 상응하는 각각의 다음 수준은 외부의 열역학 조건을 다룰 필요가 있다.

어떤 현상을 해석하는 방식은 크게 세 가지로 나뉜다. 첫째, 원래 그렇다. 둘째, 외부의 환경이나 영향력 때문이다. 셋째, 우리가 그렇다고 인식하기 때문이다. 동양철학의 한 우화에는 깃발이 나부끼는 모습을 본 두 제자가 논쟁하는 장면이 나온다. 첫 번째 제자는 깃발이 아름답게 흔들린다고 말했다. 두 번째 제자는 바람이 불고 깃발은 그저 몸을 맡길 뿐이라고 말했다. 그늘 옆을 지나가던 현자가 대화를 듣더니 말했다. "너희 둘 다 틀렸다. 깃발도 바람도 움직이지 않는다. 움직이는 건 너희들 마음이다."

종종 우리 몸의 지각은 우리가 무언가를 사실이라고 믿게끔 오도한다. "아무도 불평하지 않는다고 해서 모든 낙하산이 완벽한 건 아니다"라던 영국 코미디언 베니 힐Benny Hill의 말이 생각난다.

오늘 아침 유럽 연구 이사회에서 나는 MRI 연구와 관련해 굉장히 열정적인 제안을 들었다. 자기공명영상Magnetic Resonance Imaging은 강한 자기장을 적용해 물질의 자기 반응을 테스트하는 물리학적 기술이다. 특정 물질에 있는 원자들을 나침반의 바늘처럼 외부장의 방향에 따라 방향을 잡는 작은 자석으로 생각할 수 있다. 외부의 장을 회전하면 원자 자석도 회전할 것이다. 이런 식으로 원자를 자기적으로 조작하는 기술은 물리학자 이지도어 라비Isidor Rabi가 개척했다. 의학에서 아주 유용하고 익숙한 영상 기술로 응용되기 전에 라비는 맨 처음 이 기술을 핵자기공명Nuclear Magnetic Resonance이라고 불렀다. 하지만 '핵'이란 말은 대중에게 겁을 줄 수 있다는 이유로 뺐다.

MRI는 정적인 반응을 측정하기에 좋은 반면, 이 기술에서 파생된 '기능성' 자기공명영상 또는 fMRI는 물질의 변화를 측정하기 위해 개발됐다. 이 기술로 뇌의 활동을 모니터하면 뇌 주변의 혈류량을 측정해 뇌의 어떤 구역이 활성화됐는지 알려준다. 혈액은 에너지, 즉 산소가 필요한 곳으로 흐르기 때문이다. 신경과학자는 아니지만 내가 알고 있는 뇌의 두 영역을 들어보자면, 감정이 처리되는 전뇌섬엽anterior insula과 인지를 책임지는 배외측 전전두피질dorsolateral prefrontal cortex이 있다. 기능성 자기공명영상 기술을 이용하면 우리가 특정 결정을 내릴 때 뇌의 어떤 부분이 일하는지 알 수 있다.

뇌 영상 기술을 통해 과학자들은 뇌의 여러 영역과 각각의 기능에 대한 카탈로그를 만들었다. 프린스턴대학교의 조나단 코헨Jonathan Cohen에 따르면 동일한 처리 과정을 사용하는 행동을 해석하는 데 이 카탈로그를 상호 참조할 수 있다. 결국 이러한 행동 분석과 생물학적 신경과학을 결합하면 철학부터 경제학에 이르는 분야까지 제기된 질문에 대한 정보를 제공할 수 있다고 주장한다. 코헨은 현재 진행되는 연구는 "신경과학, 특히 신경 영상이 과학과 인문학 사이의 인터페이스를 제공하는 방식을 보여주는 정말 좋은 사례"라고 말한다.

신경과학이 어떻게 이런 식으로 자연과학과 사회과학 사이에 다리를 놓는지는 우리가 경제적, 사회적 결정을 내리는 동안 뇌 활동을 모니터해 실험할 수 있다. 물으려는 것은 다음과 같다. 이성적으로 결정하는가, 아니면 감정적으로 결정하는가? 바꿔 말하면 시스템1을 발동해 본능적으로 반응하는가, 아니면 좀 더 느리고 신중한 사고 과정인 시스템2의 안내를 받아 행동하는가?

피험자들이 앞서 살펴본 10만 원 나누기 게임을 하는 동안 기능성 자기공명영상으로 뇌의 활동을 관찰할 수 있다. 이 게임에는 두 사람이 참가한다. 둘 중 한 사람이 10만 원을 상대와 얼마의 비율로 나눌지 결정한다. 다른 사람은 상대가 제안한 분할을 받아들이거나(그러면 그만큼을 챙겨간다) 아니면 거부할 수 있다(그러면 둘 다 아무것도 받지 못한다).

기능성 자기공명영상으로 실험한 결과에 따르면, 비율이 7대 3 이상으로 차이가 많이 나면 두 번째 사람은 이내 제안을 거부한다. 따라서 기능성 자기공명영상은 이때 시스템1이

작용 중임을 보여준다. 우리는 불공평한 거래를 부당하다고 인지하도록 판단하는 능력을 내재하고 있다. 합리적으로 따지면 첫 번째 사람이 혼자 10만 원을 다 가져가지 않는 한(설사 그렇더라도 잃는 것은 없다) 어떤 제안이라도 받아들이는 게 한 푼도 받지 못하는 것보다 나은데도 불구하고 사람들은 불공정하다고 느낄 때 자기 몫마저 기꺼이 포기한다. 인간은 유대관계가 긴밀한 공동체에서 진화했기 때문에 호혜성이 내재됐을 것이다. 따라서 상대가 자기에게 똑같이, 적어도 비슷한 수준으로 나눠줄 거라고 기대한다. 이는 아마 인간이 유인원과 거의 구분되지 않던 시절에 시스템1에 새겨진 속성일 것이다. 호혜성과 협력은 모든 사회적인 종에서 볼 수 있는 특징이고, 인간은 웬만한 종들보다는 더 사회적이다. 모든 종교에서 가르치듯이 상대가 자기에게 친절하기를 기대하는 게 특별한 건 아니다. 그러니 남이 자기에게 해주길 바라는 대로 남에게 해줘라.

비합리적인 행동의 장점으로 볼 만한 한 가지가 있다. 비합리적 반응이 실제로 더 큰 합리적 목적에 부응한다는 사실이다. 우리는 지금까지 어떻게 물리학이 화학으로, 화학이 생물학으로, 이어서 신경과학을 거쳐 경제학과 심리학으로 연결되는지 탐구했다. 이런 논리에 따라 양자물리학은 간접적으로 심리학에 연결된다. 그러나 좀 더 직접적인 경로는 없을까? 양자심리학이라는 아름다운 이름의 이론을 만나보자.

아주 작은 양자 효과가 거시적 수준으로 증폭되는 사례가 많다. 예를 들어 태양을 포함해 물체에서 나오는 방사선은 빛이 광자라는 작은 입자로 만들어졌다고 알려져 있다. 단일 광자를 감지할 필요도 없이 방사선의 거시적 효과를 측정하면 알 수 있다. 아인슈타인 시대에는 불가능했지만 요즘에는 실험실에서 간단하게 수행할 수 있다. 큰 고체가 열을 흡수하고 전기를 전도하고 외부 자기장에 반응하는 방식이 사실은 모두 바탕이 되는 양자적 속성을 드러낸다.

그래서 큰 질문은 다음과 같다. 만약 생명이 없는 거대한 물체가 거시적 수준에서 양자적 속성을 드러낸다면, 우리 같은 생명체라고 왜 아니겠는가? 인간 심리학의 어떤 측면이 실제로 양자물리학에 기인할까?

닐스 보어가 이를 맨 처음 명확하게 제시했다. 비록 그는 철학적 원리의 비유로서 사용하는 데 그쳤지만, 그의 몇몇 글을 보면 그 이상으로 진지하게 받아들인 걸 알 수 있다. 보어의 상보성은 하나의 동일한 실험으로 드러날 수 없는 세계의 몇 가지 특징이 있다고 암시한다. 이중 슬릿 실험이 대표적인 예다. 두 개의 슬릿을 통과한 광자는 입자 또는 파동으로서 행동한다. 한 실험에서는 전자가 입자이고 다른 실험에서는 파동이라는 걸 보여준다. 그러나 한 실험에서 파동의 속성과 입자의 속성을 동시에 보여주는 예는 없다. 파동이 되거나 입자가 되는 것은 상보적 또는 배타적인 특징이다.

우선 이중 슬릿 실험에서 전자 감지기를 한 번 클릭해 전자의 입자적 속성을 확인한다. 조금 후 한 번 더 클릭해 이번에도 같은 전자가 입자라는 것을 확인한다. 그러나 양자물리학에서는 두 클릭 사이에서 전자가 파동이어야 한다고 설명한다. 다시 말해 전자는 맨 처음 입자로 시작해 마지막에 입자가 되는 여러 경로를 취한다는 말이다. 그 사이에 전자가 파동으로 존재한다는 걸 인정하지 않으면 가끔씩 발생하는 입자적 행동을 설명할 방법이 없다.

보어는 물리학뿐만 아니라 다양한 상황에서 이런 종류의 상보성이 작동하는 걸 확인했다. 그는 우리 뇌의 의식과 무의식을 관장하는 부분도 이처럼 상보적이라고 말했을 것이다. 우리가 자기 성찰을 통해 마음의 명확한 의식 상태에 도달할 때, 자기 성찰을 바탕으로 한 다른 명확한 상태를 통해 이런 상태에 도달할 수는 없다. 심리학적 측면에서 본 입자적 속성으로 이해하면 된다. 명확한 상태 이전에 우리 뇌는 좀 더 파동에 가깝고 어렴풋하고 결정할 수 없고 불확실했을 것이다. 이런 관점에서 무의식은 의식의 직접적이고도 필연적인 상보적 보완물이다. 꿈의 흐릿함도 이처럼 필연적이고 파동 같은 무의식의 속성에 기인한다고 알려져 있다.

이쯤 되니 증거를 보여달라는 소리가 들리는 듯하다. 앞의 문제를 두 가지 차원에서 실험해 볼 수 있다. 둘 다 아직은 추측에 불과하지만, 가능성과 심지어 개연성도 있다고 믿는다. 첫 번째는 뇌에서 미시적 수준으로 행해지는 실험으로 뇌의 어떤 근본적인 과정에 양자 파동 같은 활동이 존재하고 또 어떤 역할을 한다는 사실을 탐구하고 보여준다. 이 분야에서 현재까지 가장 진보적인 실험은 매슈 피셔Matthew Fisher가 제안한 것으로 조금 있다가 알게 될 것이다. 두 번째는 거시적으로 이루어지는 공포로 인간의 지각이 뇌에서 양자적 측면을 드러내는지를 연구한다. 우리는 거시적 실험에서 시작해 피셔와 그의 이론을 상세히 살펴볼 것이다. 자, 그럼 네커 큐브를 보자.

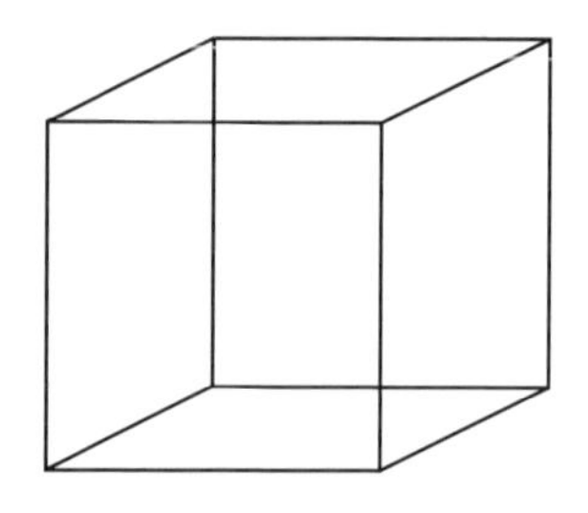

이것은 스위스 심리학자 루이스 네커Louis Necker가 처음 밝혀낸 정육면체의 2차원 그림이다. 이 그림에 나타난 많은 부분이 실제 3차원에서는 구현이 불가능하다. 또한 많은 논리적 해석이 있지만 뇌는 이 2차원 그림에서 어떤 모호성도 보지 못한다. 사실 우리는 이 그림에서 오직 두 가지 이미지, 즉 각 면이 앞쪽에 있거나 뒤쪽에 있는 이미지를 본다. 대부분 사람들은 원근법을 이해하는 방식으로 둘 중 하나를 먼저 보고, 몇 초 있다가 다른 이미지를 본다. 그런 다음에는 둘 사이에서 왔다 갔다 한다.

여기 어디에 양자가 있다는 말인가? 자, 네커 큐브의 두 이미지가 우리 뇌에 두 개의 뚜렷한 물리적 상태로 저장됐다고 가정해 보자. 이 상태는 많은 원자와 그 원자들의 상호작용이 내포돼 있다는 측면에서 아주 복잡할 수 있다. 그런 다음 우리 정신은 두 물리적 상태 사이에서 왔다 갔다 한다. 이는 마치 0에서 1로 그리고 다시 0으로 뒤집어지는 논리 연산과 같다. 이제 다음과 같은 질문을 던질 수 있다. 이러한 전환 과정이 실제로 양자역학적이며, 전이 과정에서 뇌가 실제로 두 이미지의 중첩을 저장할 수 있느냐는 것이다. 이처럼 뒤집어지는 과정이 양자라는 암시는 내가 아는 한 물리학자 엘리후 러브킨Elihu Lubkin이 맨 처음 언급했다. 러브킨은 상보성과 심리학에 관한 보어의 말에 영감을 받아 실험할 방법을 찾고 싶어 했다. 데이비드 핀켈스타인David Finkelstein 같은 다른 물리학자들도 뇌가 고전적 논리 대신 양자적 논리를 사용할지도 모른다는 의심을 내비쳤다.

최근에 독일의 하랄드 아트만슈파허Harald Atmanspacher와 동료들은 양자 측정이 반복적으로 가로채는 양자동역학의 미묘한 결합이 네커 큐브 인지에 작용할지도 모른다고 제안했다. 바로 양자 제논 효과quantum Zeno effect라고 알려진 것이다. 양자 제논 효과의 개념은 다음과 같다. 뇌에 인코딩된 큐브의 두 이미지는 양자적으로 왔다 갔다 하며, 이 진동의 자연적인 주기는 10분의 1초이다. 하지만 우리 정신의 의식적인 부분은 이 양자 상태를 측정해 한 이미지 또는 다른 이

비시로 받아들인다. 이 측정이 두 이미지 사이의 전개를 느리게 한다. 그래서 제논•이다.

여기에는 세 가지 뚜렷한 시간 척도가 있다. 하나는 의식이 작동하는 속도다. 이 속도의 빠르기는 확실치 않다. 다만 최소한 두 사건의 시간을 명확히 구분할 정도는 돼야 한다. 만약 음향적 신호인 두 소리의 간격이 3밀리초 미만이라면 인간은 둘을 구분하지 못한다. 3~30밀리초에서 대부분의 피험자가 두 개의 소리를 듣지만 순서를 올바로 배열하지는 못한다. 따라서 사건의 순서는 무작위적이다. 30밀리초가 넘으면 비로소 인간이 명확히 두 소리를 구분한다. 그러므로 심리학자는 인간에게 '지금'이 지속되는 시간은 약 30밀리초이고 그것이 우리가 지각을 지속할 수 있는 기간이다.

두 번째 시간 척도는 3분의 1초다. 보통 우리가 뭔가를 인식하기까지 걸리는 시간이다. 실험에 따르면 우리가 어떤 일을 무의식적으로 결정하고 수행한 후, 실제로 약 3분의 1초가 지난 다음에야 자신이 그 일을 했다고 의식적으로 생각한다. 정신 속에서는 양자적 방식으로 이미지가 뒤집히기 시작

• 고대 그리스 철학자 제논이 남긴 역설을 뜻한다.

할 때 측정되며 그전에는 우리 정신 속에서 두 가지 상태로 동시에 존재한다는 가설이 있다. 그 이미지가 문자 그대로 양자 중첩이다.

세 번째 시간 척도는 3초다. 우리 의식이 측정을 시도하는 바람에 두 이미지가 전환되는 시간이 더 오래 걸린다. 간단한 양자 논쟁에 따르면 그 시간은 평균 약 3초다. 네커 큐브는 대부분의 사람이 네커 큐브의 이미지를 뒤집는 데 걸리는 시간을 약 3초로 보고했다. 앞 페이지에 있으니 직접 확인해 보길 바란다.

인간이 3초라는 시간 동안 할 수 있는 일들은 많다. 예를 들어 노래 가사의 한 줄이 약 3초다. 딥 퍼플의 〈스모크 온 더 워터*Smoke on the Water*〉의 후렴을 떠올려보라. 셰익스피어의 여러 소네트와 대사에 사용되는 음보인 약강 5보격의 각 줄을 실제 말로 할 때 약 3초가 걸린다. 자발적인 발화 행위의 음절이나 여러 포유류가 행하는 긁는 행위나 하품과 같은 자동적인 운동 활동의 지속 시간도 3초다. 단기 기억에서 정보를 회수하는 데 걸리는 시간이 3초 이내다. 시간 간격이 복제될 때 3초보다 짧으면 과대평가되고, 3초보다 길면 과소평가된다. 고로 '무차별 지점'은 약 3초가 된다.

하지만 양자 효과가 정말로 뇌에서 길게 지속될 수 있는 걸까?

이것은 뇌의 기능을 좀 더 거시적으로 보는 관점이다. 자세히 확대해 보면 뇌 안에서 작동하는 양자역학의 핵심으로 들어가는 피셔의 용감한 여행은 그와 가까운 사람들이 겪는 알 수 없는 정신질환을 이해해 보려는 개인적 욕구에서 비롯했다. 피셔는 신경과학에 만연한 의문스러운 현상들을 양자적으로 설명할 수 있을지 탐구했다. 신경의 지지 구조를 구성하는 단백질 관이 양자 중첩 구조로 돼 있어 고전역학의 구조보다 정보를 두 배나 더 저장할 수 있다는 사실이 이미 제안된 바 있다. 큐비트 네트워크는 망가지기가 너무 쉽고, 열, 기계적 간섭 등에 노출되면 부서지기 때문에 아직 입증되지는 못했지만 피셔는 거기에서 멈추지 않았다.

"생명은 양자역학을 '발견할' 시간을 수십억 년이나 갖추게 되었고, 정교한 분자 장치를 통해 양자역학을 활용할 도구를 갖게 됐다." 피셔는 핵이 전기장과 자기장을 '느끼는' 정도를 정량하는 수단으로 스핀을 선택했다. 스핀이 높을수록 상호작용은 더욱 커진다. 가장 낮은 스핀 값인 1/2를 가진 핵은 가능한 수준에서 전기장과의 상호작용을 사실상 느끼지 못하고 자기장과의 상호작용만 미미하게 느낀다. 그래서 뇌 환경에서 스핀 값이 1/2인 핵은 교란에서 눈에 띄게 분리될 것이다.

1/2의 스핀을 가진 핵은 자연에서 흔하지 않다. 정신질환의 증상을 다스리는 처방약에 많이 들어 있는 리튬-6의 스핀 값은 1이다. 그러나 뇌와 비슷한 화학적 환경에 존재하는 소금 용액에서는 물에 존재하는 잉여의 양성자가 1/2 스핀 값을 가진 핵처럼 행동하게 만든다고 알려졌다. 1970년대의 실험에 따르면 리튬-6의 핵은 스핀을 지속적으로 최대 5분까지 유지할 수 있었다. 그래서 피셔는 뇌의 연산 과정을 양자적으로 통제하는 원소가 있다면 리튬의 진정 효과가 이 이상하게 결맞은 핵을 뇌의 화학에 통합하게 될지도 모른다고 추론했다.

비록 리튬-6은 자연적으로 발생하지 않지만, 스핀 값이 1/2인 한 원자핵, 즉 인은 자연적으로 발생하며 많은 생화학 반응에서 능동적으로 참가한다. 피셔가 "만약 양자 과정이 뇌에서 일어난다면 그 유일한 방법은 인의 핵 스핀이다"라고 결론 짓게 한 원소다.

피셔는 포스너 분자Posner molecule 또는 클러스터로 알려진

인산칼슘 구조인 자신의 '후보 큐비트'를 대중 앞에 선보였다. 만약 이것이 예상된 결과를 낳는다면, 뇌의 세포외액은 고도로 뒤엉킨 포스너 분자가 형성한 복잡한 클러스터와 결합됐다고 밝혀질 것이다. 그리고 이 분자가 신경세포인 뉴런 안에 있으면 세포가 신호를 보내고 대응하는 방법을 바꾸면서 사고와 기억을 형성할 것이다. 흥미로운 일이다. "나는 아직 이야기를 끝내지 않았다." 겸손한 피셔가 쾌활하게 말했다. "아직 해야 할 실험들이 더 남아 있다." 과학에서 혁명적인 발전으로 나아가는 자포자기 행동의 또 다른 예다.

뇌에서 작동하는 양자역학은 많은 것을 설명할 것이라 예상된다. 머리를 부딪히면 기억력을 소실하는 이유도 그 때문일까? 양자의 결어긋남decoherence을 일으키기 때문일까? 뇌를 가로질러 자기장을 발사하는 두개경유 자기 자극으로 뇌의 상태를 바꿀 수 있는 것도 핵 스핀 때문일까? 인간의 도덕적, 사회적 행동의 진정한 동기가 의식에서 감춰지도록 진화적으로 설계됐다는 리처드 알렉산더Richard Alexander의 관점은 어떤가? 우리 마음의 무의식과 의식 사이의 소통을 양자 커뮤니케이션의 한 형태로 봐도 될까? 무의식적인 부분은 양자 간섭의 형태로 양자역학을 사용하는데, 만약 의식적인 부분이 접근한다면 그땐 원하는 결과물을 주지 못하게 될까? 이것은 양자적 연산 과정에서 흥미로운 유사점을 갖고 있다. 다시 말해 양자 컴퓨터가 우리가 요청한 계산을 했는지 어떻게 알까?

여기에 더 큰 문제들을 추가해 보자. 만약 뇌에서 활동하는 물질이 양자라면 우리의 생각, 활동, 대규모 행동 등은 어떨까? 예를 들어 인간의 사고가 빛의 양자인 광자처럼 '생각자thoughton'라고 부를 만한 불연속적인 덩어리로 찾아온다면, 사회과학에서 양자물리학으로의 도약이 결국 그렇게 대단한 게 아닐지도 모른다. 어쩌면 이 도약은 소름 끼치게 포괄적인 추측들을 견고하고 획기적인 형태로 만들어줄 증거를 제공하기 위해 가야 할 거리보다 멀지 않을지도 모른다.

세상, 육신 그리고 악마

비종교학자가 거센 감정의 힘에 못 이겨 종교적 언어를 사용한 또 다른 예인 존 데즈먼드 버널John Desmond Bernal의 책 제목을 에필로그의 제목으로 썼다. 그가 1929년에 쓴 이 책은 인류의 미래를 예측한 선견지명이 탁월한 작품으로 여겨진다. 그는 인류의 발전을 가로막는 장애물을 세 가지 범주로 가정한다.

첫 번째는 세상이다. 우리의 환경, 지구 그리고 우주의 나머지 부분을 말한다. 우리는 비바람과 싸우고, 소행성의 지구 충돌 등 만일의 사태로부터 자신을 보호하고, 연료 같은 자원이 고갈되지 않게 해야 한다. 버널은 자신이 살았던 시대에 이미 명백해진 빠른 기술 발전 때문에 이러한 장애물들은 가장 하찮은 문제라고 봤다. 그러나 여전히 한계는 있다.

두 번째는 인간의 생물학적 구성물인 육신이다. 우리 몸은 유연하다. 놀라울 정도로 회복력이 뛰어나고 심지어 재생하기까지 한다. 그러나 안타깝게도 여기저기에 유통기한이 적혀 있다. 여기에서 그의 날카로운 예지력이 빛을 발한다. 버널은 분자생물학이 발전하면서 이 문제가 향상될 거라고 봤다. 그의 책이 DNA가 발견되기 30년 전에 쓰였다는 점을 염두에 둔다면 얼마나 예지력이 뛰어난지 눈치챘을 것이다.

마지막 장애물은 버널이 예측하고 길들이기 가장 어렵다고 생각한 부분이다. 자아, 통제할 수 없는 정신 등 여러 이름으로 불리지만, 결국 악마를 만드는 인간 내면의 감정, 공포, 욕망, 욕동을 말한다.

기독교에서 세상, 육신, 악마는 성부, 성자, 성령의 대척점에 서 있는 어둠의 힘이다. 이 힘이 인간 발전에 커다란 걸림돌이 될지도 모른다. 하지만 달리 생각해 이것들이 발전을 돕도록 또는 적어도 이해를 돕도록 할 수는 없을까? 우리가 지금까지 살펴본 간극을 형성한 것이 결국 인간의 마음이라면 그걸 해소하는 것 역시 인간의 마음일 테니까.

과학은 답보나 질문을 너 많이 해서 욕을 먹는다. 톨스토이가 과학자들에게 삶의 의미를 물었던 일이 유명하다. "내가 묻지 않은 문제에 관한 답변만 정확하게 수없이 들었습니다." 물론 과거에는 자연에 대한 인간의 지각에 존재하는 간극이 훨씬 적었다. 종교, 철학 그리고 오늘날의 과학과는 다른 방식이지만 적어도 과학이라는 이름이 붙은 분야는 고대 그리스나 로마에서처럼 분리될 수 없었다. 누군가는 이것이 마음의 평안에는 더 유리했다고 주장할지도 모르겠다. 세계는 하나의 전체로 받아들여졌고, 세계를 이해하는 데에 어떤 간극도 또는 훨씬 큰 문제인 우주의 기능에 대해서 어떤 균열도 없었으니까.

슬프지만 그러한 그림이 위안이 된 이유는 그것이 너무 단순했기 때문이다. 지식이 깊어지고 기술이 진보하면서 우리는 점점 더 강력한 확대경을 갖추게 됐다. 그리고 르네상스 시대 말부터 과학은 하나씩 하나씩 철학과 종교에서 분리됐다. 처음엔 물리학, 그다음 화학 그리고 마지막으로 생물학이 떨어져 나왔다. 독립의 순서는 우연이 아니다. 우리가 이해하고자 하는 사물의 복잡성이 증가하는 순서를 따른 것이다.

우리는 현실을 이해하려는 시도에서 일관성에 높은 가치를 둔다. 일관성이란 우리의 이해에 모순을 초래하는 내용이 하나도 없다는 뜻이다. 그러나 인간은 아주 많은 것 앞에서 모순된 관점을 가질 수 있고, 또 그렇게 하고 있다. 내가 아는 많은 사람이 인터넷으로 해적판 소프트웨어와 미디어를 서슴지 않고 내려받는다. 그러나 쇼핑몰에서 벽돌이나 모르타르를 훔치는 일은 꿈에도 생각지 않을 것이다. 대부분의 사람이 균형 잡힌 삶의 중요성을 높이 평가한다고 하면서 정작 자기 삶의 75퍼센트는 일에 그리고 10퍼센트는 TV에 바친다. 또한 자신의 신념 체계 밖에 있는 신의 가능성을 부정하지만 누군가 그런 관점에서 말할 때는 매우 방어적으로 대한다.

하지만 이런 일관되지 못한 모습이 인간을 멈추게 하지 않는다. 반대로 누군가는 이것이 인간을 정의하는 결정적인 특징 중 하나라고 말했다. 만약 현실도 그렇다면 어떨까? 우주도 가장 근본적인 수준에서 일관적이지 못한 존재는 아닐까? 분명 논리적으로는 가능한 일이고 많은 사람이 이런 발상을 즐겼다. 기괴한 것을 경이롭게 생각한 아르헨티나 작가 호르헤 루이스 보르헤스Jorge Luis Borges가 이렇게 말한다. "우리, 즉 우리 안에서 작용하는 분열되지 않은 신성은 공간 속에서는 견고하고 신비롭고 어디에나 존재하며, 시간 속에서는 내구성이 있는 세계를 꿈꿔왔다. 그러나 그 건축물 안에서 그것이 거짓이라고 말하는 비이성이 미약하고 영원한 장치들을 허용했다."

영국 작가이자 사회평론가인 조지 오웰George Orwell은 여기에 대해 사악한 견해를 가졌다. 그는 소설 《1984》에서 두 개의 모순된 생각을 지닌 상태를 묘사하기 위해 '이중사고doublethink'라는 단어를 처음 만들었다. 그는 이렇게 정의한다. "아는 것과 알지 못하는 것, 완벽하게 진실을 의식하면서 세심하게 조작된 거짓말을 하는 것, 서로 상쇄하는 두 의견이 서로 모순됨을 알면서도 둘 다 믿고 또 동시에 품고 있는 것, 논리로 논리에 대항하는 것, 도덕성을 주장하면서 동시에 부인하는 것 … 심지어 '이중사고'라는 개념조차 이중사고다."

여기에서 오웰의 괴델식 마무리는 자신을 면도하는 또는 면도하지 않는 이발사의 역설을 다시금 생각나게 한다. 그러므로 현실에 대한 우리의 그림은 이해의 중심에서, 어쩌면 현실 자체의 중심에서 역설로 이어질지도 모른다. 중국 만리장성에 올라가면서 왜 도교에서는 물리학, 화학, 생물학, 경제학, 사회학 전체를 간단한 등식들로 설명할 만물 이론을 믿지 않는지 설명해 줬던 도교도처럼 말이다. 도교에 따르면 만물을 일으킨 것은 무한해야 하고 그러므로 말로는 설명할 수 없어야 하기 때문이다. 이는 좋게 말해야 신비주의다. 오래된 무한의 문제가 여기에도 있다. 무한의 문제에서 벗어날 유일한 방법은 내가 본 것처럼 양자뿐이다. 그렇다면 양자가 여기에 어떻게 적용될까?

플라톤의 《국가 *The Republic*》 제7권에 잘 알려진 동굴의 비유가 있다. 오늘날로 따지면 영화 〈트루먼 쇼〉 정도일 것이다. 주인공 소크라테스는 우리를 초대해 '우리의 본성이 얼마나 계몽됐는지 또는 계몽되지 않았는지를' 보여준다. "보시오! 빛을 향해 입구가 열린 지하 동굴 속 인간들." 한 무리의 사람들이 어려서부터 동굴에 살았다. 그들의 목과 발은 쇠사슬로 묶여 오직 뒤에 있는 횃불로 자기 앞에 드리운 그림자밖에 보지 못한다. 그중 한 남자가 쇠사슬을 끊고 탈출한다. 그는 태양이 비추는 진짜 빛에 눈이 부셔 잠깐 앞을 보지 못하지만 곧 현실 세계의 위대함을 깨닫는다. 그는 동굴로 돌아와 동료 죄수들에게 진실을 말하지만 그들은 의심한다. 플라톤의 죄수들처럼 우리는 진짜 물체의 겉모습이 드리운 그림자만 볼 뿐, 근본적인 진짜 속성은 제대로 보지 못한다. 실체를 파악하려면 사슬을 끊고 동굴에서 나가야 한다.

내게 물리학은 그 무엇보다 우주의 자명하지 않은 측면을 드러내는 인간의 활동이다. 특히 양자물리학은 자연현상을 가장 정확하게 설명할 뿐만 아니라 동시에 가장 반직관적이다. 양자물리학은 우리가 플라톤의 죄수와 아주 비슷하고, 가장 밑바닥에 있는 궁극적인 실재가 무엇인지에 관해 오래되고 고된 탐색 끝에 도착한 깊은 통찰이 필요하다는 사실을 그 어떤 학문 이상으로 보여준다. 우리가 마이크로에서 매크로로 가는 여행을 시작하기 전에, 출발점인 옥스퍼드를 떠나기에 앞서 나는 대환원을 이룰 수 있다면 얻게 될 가장 큰 선물 두 가지를 간략히 설명했다. 하나는 기술이고, 다른 하나는 영성이다. 물질은 영혼에 앞선다. 그리고 나는 지금 그것에 관해 얘기할 것이다.

우리의 세계관은 감각 기관이 전달하는 것에 근거하므로, 당연히 우리에겐 물질주의적 경향이 있다. 세상은 보이는 그대로다. 우리는 세계가 탁자, 의자, 나무, 바위, 동물 등의 물질로 채워졌다고 인지한다. 모두 우리가 보고 만지고 듣고 느낄 수 있는 것들이다. 그러나 양자물리학에서는 물질은 비어 있고 물질의 성질은 우리가 직접적으로 경험하지 않은 프사이 함수에 의해 가장 잘 설명된다고 가르친다. 슈뢰딩거는 프사이를 정보의 카탈로그라고 불렀다. 원자이거나 분자, 또는 컴퓨터 마이크로칩 같은 더 복잡한 고체에 대해, 즉 우리가 연구하는 시스템에 대해 알고 있는 모든 것의 목록을 만들기 때문이다. 프사이는 우리가 상호작용할 때 시스템이 실제로 구현할 수 있는 모든 것들에 관해 말하지만 정확히 어떤 일이 일어날지는 명시하지 않는다. 그건 사실 하이젠베르크의 불확정성의 원리가 금지하는 바다. 시스템은 무작위적으로 작용하지만 프사이가 지정한 성향을 따른다.

그렇다면 양자물리학은 프사이가 시간에 따라 어떻게 변하는지를 밝히는 학문이다. 만약 우리가 당장 어떤 시스템을 탐험하면 한 집합의 성향을 발견할 것이다. 그러다가 한 시간 있다가 다시 탐험하면 이번에는 다른 성향으로 바뀐다. 그리고 이 변화를 기술하는 법칙이 슈뢰딩거 방정식이다. 중요한 점은 프사이도 슈뢰딩거 방정식도 앞으로 어떤 일이 일어날지에 관해 확신을 주지 않는다는 것이다. 우리가 예측할 수 있는 건 실험을 여러 번 반복했을 때 일어날 다양한 결과에 대한 확률뿐이나.

그래서 양자물리학에서 물질은 실제로 훨씬 덜 물질주의적이고, 훨씬 덜 실재적이고, 훨씬 더 구름 같은 가능성 뭉치가 된다. 우리는 어딘가에서 전자를, 또 원자를 찾을지도 모르지만 측정하기 전에는 확실히 알 수 없다. 측정한 다음 슈뢰딩거 방정식은 그것이 불확실한 상태로 복원된다고 일러준다. 양자물리학에서 측정을 한다는 의미는 확정된 결과물을 확립하는 것이다. 현실을 창조하지만, 마치 모래 위에 발자국을 남기는 것과 같다. 양자물리학에서는 계속해서 현실이 창조됐다가 파괴되므로 유물론자가 설 자리를 잃게 만드는 어떤 무상함을 느끼게 한다.

그러나 세상을 덜 실재하게 만듦으로써 양자물리학은 실제로 우리의 현실을 단순화하고 세계에 대한 이해를 크게 통합했다. 특히 에너지(빛)와 물질의 구분은 양자물리학의 발견으로 사실상 증발해 버렸다. 그리고 그것은 화학과 생물학에도 영향을 미치기 시작했다. 또한 나는 물리학이 이제 사회과학에도 영향력을 행사하고 있다고 주장하는 바다.

이런 관점은 그 진가를 인정받지 못하고 있지만, 점차 양자물리학의 뒷받침을 받고 있는 현대 기술 또한 물질주의에서 점점 더 앞으로 나아가고 있다. 우리는 나노기술을 우리의 생물학적 구성과 통합하는 방향으로 이동하고 있다. 곧 이동식 장치인 나노 로봇이 우리 몸에 이식돼 몸의 일부가 되고 스마트 의복이 일이나 여행 계획, 자동화 등 많은 일을 조절할 수 있게 될 것이다. 2050년에는 모든 사람이 소형 양자 컴퓨터를 소유하고 현재의 관점에서는 아마 상상도 하기 힘든 많은 일을 하는 능력과 더불어 효율성이 엄청나게 개선될 것이라 예상된다.

이런 통합은 인터넷 연결성, 무인 자동차, 스마트 주택, 스마트 도시로 이어질 것이다. 이런 경향은 물질주의로부터 점차 벗어나는 과정을 형상화한다. 잠시 생각해 보자. 세계에서 가장 큰 택시 회사 우버에는 자동차가 없다. 세계에서 가장 인기 있는 미디어 회사인 페이스북은 콘텐츠를 생산하지 않는다. 세계에서 가장 가치가 높은 알리바바에는 재고가 없다. 그리고 세계에서 가장 큰 숙박업체인 에어비앤비에는 건물이 없다.

이것은 프랑스 미디어 그룹 하바스 경영진인 톰 굿윈Tom Goodwin이 언급한 이후로 회자되는 말이다. 그는 재화와 서비스를 제공하는 업체와 소비자 사이의 인터페이스를 장악한 회사가 실로 대단한 위치에 있다는 점을 강조했다. 그들은 실질적인 서비스를 제공하는 비용을 하나도 지불하지 않으면서 그 서비스를 사는 수백만 소비자로부터 이익을 얻는다. 즉, 인터페이스가 곧 이윤이다.

그러나 내가 여기에서 말하고자 하는 바는 우리가 물질보다 정보가 지배하는 디지털 경기장을 향해 움직이고 있다는 사실이다. 우리의 일상적인 세계에서조차 사람들의 상호교류, 사업, 여가 생활, 교육, 엔터테인먼트 등이 모두 점차 물질보다 정보에 기반해 이뤄지고 있다. 약 100년 전 물리학을 바꿔놓은 혁명 이후 일어난 변화이자, 이제는 우리 삶의 구석구석에 스며들고 있는 현실이다.

하루는 옥스퍼드 마틴 스쿨의 학장인 이언 골딘Ian Goldin이 나를 부르더니 리처드 브랜슨Richard Branson에게 런던에서 시드니로 가는 첫 번째 셔틀 여행에 뭘 들고 가면 좋을지 권해줄 수 있겠냐고 물었다. 나는 당황했다. 리처드 브랜슨? 먼저 나는 첫 번째 셔틀 여행의 일정이 그렇게나 빨리 잡혔는지 몰랐다. 둘째, 브랜슨이 양자물리학자인 나에게 여행 시 들고 탈 배낭에 뭘 넣어 가면 좋을지 물었단다. 진심이란 말인가? 아니, 내가 뭘 해줄 수 있다고?

내 머릿속은 압박감을 느끼며 일을 해야 할 때처럼 텅 비었다. 그때 마침 동료 양자물리학자 알렉스 링Alex Ling이 생각났다. 링은 싱가포르에서 양자 실험을 소형화하는 전문가다. 그에게 실험실 한쪽에서 다른 쪽 끝까지 이어지는 다양한 레이저 광선을 조절하는 광학 도구를 준다면 그는 똑같은 키트를 10제곱센티미터로 축소해 낼 것이다. 영화 〈애들이 줄었어요〉에 나오는 발명가 아빠처럼 말이다.

그의 천재성을 나타내는 가장 좋은 예는 우주선을 사용해 세계적인 양자 커뮤니케이션 네트워크로 이어질 개척 실험을 수행하도록 설계한 나노 위성에 내장된 축소 광자 쌍 광원이다. 그의 장비는 독일에서 발사된 우주선에 실려 우주로 올라갔다. 안타깝게도 그 우주선은 폭발해 스위스에 추락했다. 그러나 링의 기술은 망가진 우주선에서도 온전한 채로 발견됐다. 복구 후 데이터를 살펴보니 밝기 저하나 편극 상관을 보이지 않았다. 그는 견고한 양자 광학 시스템을 설계하는 게 가능하다는 걸 증명했다. 난 그걸 브랜슨에게 보내야겠다고 생각했다.

양자 세계에서는 사물이 여러 장소에 동시에 존재하고 그것들의 물리적 상태는 고전물리학이 허용하는 것 이상으로 상관관계를 띤다. 얽힘이라고 부르는 이러한 상관관계는 고전물리학으로는 불가능한 순간이동 같은 기술을 가능하게 한다. 그러나 본질적으로 양자에 속하는 현상들을 확인하려면 고전물리학이 형성한 감옥에서 빠져나와 양자세계와 작용할 수 있는 발달된 기술을 사용해야 한다. 고전물리학의 세계를 초월한다면 아마도 오늘날 인류가 이룬 가장 위대한 과학적 방법의 업적이 될 것이다. 물론 동굴을 떠나려는 충동의 보너스는 기술의 놀라운 발전이고 이것은 또 우리의 웰빙에 기여할 것이다. 물론 제대로 쓰였을 때만. 아마도 현재는 인류가 공간 탐험가와 기본으로 돌아가자는 환경운동가로 나뉠 때인지도 모르겠다.

소규모 단위로 보자면, 양자물리학은 물질의 구조(그리고 텅 빈 세상에서 우리가 어떻게 채워짐을 느낄 수 있는지)와 화학 법칙을 설명하고 그것을 통해 언젠가 생물학의 법칙까지 설명할 것이라는 희망을 가지게 할 수 있다. 양자물리학이 어디까지 설명할 수 있을지는 분명하지 않지만, 이미 꽤 많은 것을 설명하고 있다. 물리 법칙하에서 생명은 필연이라는 주장까지 등장했다.

우주와 성단 같은 대규모 구조물도 양자물리 법칙으로 설명할 수 있다. 누군가는 우주가 우리라는 존재로 연결된 우주의 양자 터널링에 기반한다고 말한다. 현재 이런 주장은 기존의 천문학적 관찰과 완벽하게 부합한다. 우주의 초기 단계에 있었던 양자의 떨림이 이후에 빠른 확장으로 증폭돼 우리 주위에 보이는 모든 구조물들을 만들었다고 믿는 것이 대표적이다.

양자 압축 또한 우주의 무질서도를 정량화하는 엔트로피의 에너지와 우주를 얼마나 압축할 수 있는지 말해주는 복잡도의 차이로 설명할 수 있을지 모른다. 우주는 낮은 엔트로피 상태, 즉 매우 질서 있는 상태로 시작해 계속해서 열역학 제2법칙에 따라 최고의 엔트로피를 향해 가고 있다. 그러나 복잡성에 있어서 우주는 단순한 상태에서 시작해 단순한 상태로 끝난다. 그리고 때때로 이 두 극단의 사이에 복잡성이 최고에 달하는 때가 있는 것이다. 어쩌면 지금이 그때인지도 모른다. 우리 인간처럼 우주 그리고 우리가 어디에서 왔는지, 또한 무엇이 큰 만족을 주는지를 이해하는 존재가 이토록 가장 복잡한 시대에 나타난 것도 놀랄 일이 아닐지 모른다. 오스틴J. L. Austin이 1979년에 말한 것처럼 "단순한 건 사물이 아니라 철학자들이다."

그런 다음 우리는 양자장론quantum field theory, 즉 양자 이론과 특수상대성 이론을 결합하려는 시도로 환원을 이뤄보려고 한다. 양자장론은 '나눠지지 않은 전체성'을 강조한다. 일반상대성 이론과의 결합이 아직 해결되지 않았다는 것을 기억하자. 상대성 이론에서는 일반적으로 입자나 견고한 물체가 없기 때문이다. 또한 양자물리학에서 취급되는 양자장의 근본적 중요성 때문이다. 양자장론은 우주 전체의 진화를 더 정확히 기술하도록 이끌고, 이미 사물을 입자가 되는 들뜬상태excitation로서만 취급함으로써 사물 사이의 경계를 무너뜨리고 있다. 그것이 간극을 좁히는 열쇠일까 아니면 그저 우연한 사고일까? 그리고 그것이 간극을 거의 사라지게 한다면 그래도 여전히 이 간극은 본질적으로 메울 수 없는 것일까? 나는 분명 양자물리학이 일반상대성 이론과 통일될 수 없다는 사실을 숨기지 않고 있다. 아직은 말이다.

보르헤스의 이야기들은 에셔M. C. Esher의 그림이 문학으로 승화된 듯 무한이라는 주제를 다루고 우주 전체에 관한 정보를 하나의 핵심에 담고 있다. 이 이야기들은 제논의 '아킬레우스와 거북이의 경주'처럼 무한 후퇴의 문제와 평형 세계의 본질과 현실을 탐험한다. 또 다른 이야기인 《바벨의 도서

관*The Library of Babel*》에서 보르헤스는 쓸 수 있는 모든 책이 들어 있는 무한의 도서관을 상상한다. 이 도서관에는 미래와 당신이 언제 죽을지를 포함한 당신의 인생이 정확하게 적힌 책도 있다. 그러나 이 책에는 두 가지 문제가 있다. 하나는 당신의 미래 행동에 대한 무한한 잠재력에 관한 다른 책이 존재하기 때문에 책을 찾는 것이 불가능하다는 점이다. 둘째, 일부 미세한 세부 사항, 예를 들어 정확히 언제 어떻게 당신이 죽을지 등에 있어서 내용이 달라진 무한히 많은 다른 책들이 있다는 점이다.

이 이야기는 홀팅 문제의 또 다른 우화다. 그레고리 차이틴Gregory Chaitin의 오메가 수는 내가 이 주제에 관한 추측을 끝맺게 하는 또 다른 우화다. 무작위성이 모든 것의 기본인가?

1960년대에 차이틴은 튜링이 멈춘 지점에서 출발했다. 그는 튜링의 연구에 매료돼 홀팅 문제를 조사하기 시작했다. 그는 튜링의 가상 컴퓨터가 돌릴 수 있는 가능한 모든 프로그램을 고려했고, 다음에는 가능한 모든 프로그램에서 무작위적으로 선택된 한 프로그램이 멈출 가능성을 구했다. 이 작업에 그는 20년이라는 시간을 쏟아부었다. 마침내 이 '홀팅(정지) 확률'이 한 프로그램이 멈출지에 대한 튜링의 문제를 0과 1 사이에 있는 실수로 바꾼다는 걸 증명해 보였다.

차이틴은 이 수에 오메가라는 이름을 붙였다. 그리고 한 컴퓨터가 정지할지를 계산해 미리 결정하는 지침이 없는 것처럼 오메가의 숫자를 결정할 지침도 없다는 것을 보였다. 오메가는 계산할 수 없는 수다. 파이처럼 어떤 수는 그 무한한 수의 자릿수를 하나씩 계산하는 상대적으로 짧은 프로그램으로 생성된다. 무한이 얼마나 멀리 가느냐는 시간과 자원의 문제다. 그러나 오메가에는 그런 프로그램이 없다. 이진수에서 그것은 0과 1이 무작위적으로 끝없이 배열된 수로 구성됐다. 똑같은 과정을 두고 튜링은 홀팅 문제가 결정 불가능하다는 결론을 내렸지만, 차이틴은 알 수 없는 수를 발견했다.

알 수 없는 수는 따로 두각을 나타내지 않는 한 문제가 되지 않을 것이다. 하지만 차이틴이 오메가를 발견하면서 그는 과연 그것이 현실 세계에 영향을 미칠지 궁금해졌다. 그는 오메가가 나타날 법한 곳을 찾아 수학을 수색하기로 했다.

그 자명한 장소란 괴델이 불완전성 정리를 증명하기 위해 사용한 정수론number theory이다. 정수론은 수 세기, 더하기, 곱하기와 같은 개념을 다루는 방법을 기술한다. 차이틴은 정수론에서 오메가를 찾기 위해 '디오판토스 방정식Diophantine equations'부터 시작했다. 여기에는 정수들의 더하기, 곱하기, 지수화 같은 간단한 개념만 포함된다.

차이틴은 디오판토스 방정식을 200페이지에 걸쳐 1만 7천 개의 변수를 사용해 공식화했다. 절대적인 헌신이 아닐 수 없다. 이런 방정식이 주어지면 보통 수학자들은 그 해답을 찾을 것이다. 여기에는 열 개, 스무 개, 심지어 무한개의 답이 있을 수 있다. 그러나 차이틴은 특정 해답을 찾은 것이 아니라 단순히 유한개의 답이 있는지 아니면 무한개의 답이 있는지만을 확인했다.

그는 오메가를 찾아내는 것이 열쇠임을 알고 있었다. 다른 수학자들은 튜링 컴퓨터의 연산을 디오판토스 방정식으로 번역하는 방법을 보여주면서 이 방정식의 해답과 그 기계의 프로그램이 가지는 홀팅 문제 사이에 관계가 있음을 밝혔다. 구체적으로 말해 만약 특정 프로그램이 영원히 정지하지 않는다면, 특정 디오판토스 방정식은 해가 없을 것이다. 사실 그 방정식들은 튜링의 홀팅 문제, 따라서 차이틴의 홀팅 확률과 정수의 덧셈이나 곱셈 같은 간단한 수학 연산을 연결하는 다리를 제공한다.

차이틴은 오메가를 찾는 열쇠를 제공할 변수가 존재하도록 방정식을 정리하고 그 변수를 *N*이라고 불렀다. 그는 *N*을 숫자로 치환해 방정식을 분석하면 오메가의 자릿수를 이진수로 제공한다고 말했다. 또 *N* 대신 1을 대입해 만들어지는 방정식에 대해 유한개 또는 무한개의 정수 해가 있는지 물었다. 그 답이 오메가의 첫 번째 자리를 제시한다. 유한개의 해는 0, 무한개의 해는 1이 될 것이다. *N*에 2를 대입하고 이 방정식의 해에 관해 같은 질문을 하면 오메가의 둘째 자릿수가 나온다. 이론적으로 차이틴은 이 과정을 영원히 계속할 수 있다. 차이틴은 "내 방정식은 변수가 다양할 때 유한개 또는 무한개의 해가 있는지를 묻는 것이 곧 오메가의 자릿수를 결정하는 것과 같도록 구성돼 있다"라고 말했다.

그러나 차이틴은 이미 오메가의 각 자릿수가 무작위적이고 독립적이라는 사실을 알고 있었다. 이것은 단 하나만을 의미한다. 디오판토스 방정식이 유한개 또는 무한개의 해를 가졌는지 알아내면 이 자릿수가 생성되므로 방정식의 각 해는 알 수 없고 모든 다른 해와 독립적이어야 한다는 것이다. 다시 말해 오메가 자릿수의 무작위성은 정수론, 즉 수학의 가장 기초 분야에서 알 수 있는 것에 제약을 가한다. 그는

"만약 무작위성이 정수론처럼 가장 기초적인 것에도 존재한다면 또 어디에 있겠는가?"라고 물었다. 하지만 차이틴은 의문점을 남겨둘 사람이 아니다. "내 예감에는 어디에나 존재한다. 무작위성은 수학의 진정한 근간이다."

수학자 존 캐스티John Casti는 무작위성이 어디에나 있다는 사실이 심각한 결과를 낳는다고 말했다. 이는 수학의 일부는 서로 이어질 수 있을지 모르지만 대부분의 수학적 상황에서 그러한 연결은 존재하지 않는다는 사실을 의미한다. 그리고 그것들을 연결하지 못한다면 문제를 해결하거나 증명할 수 없다. 수학자가 할 수 있는 일은 함께 묶을 수 있는 수학 분야들을 찾는 것이다. 캐스티는 "차이틴의 연구는 풀 수 있는 문제들이란 결정할 수 없는 문제들로 이루어진 광활한 바다에 있는 작은 섬과 같다는 점을 보여준다"라고 말했다.

이 우주에서 가장 빠르게 비트를 뒤집는 속도는 플랑크 상수를 우주의 총에너지로 나눈 값이다. 이는 약 10^{-50}초에 해당한다. 그러므로 우주에 있는 모든 비트를 열거하기 시작했다고 하더라도, 우주의 추정 용량보다 50자릿수나 작은 약 10^{70}에 도달하게 된다. 이 논리에 따르면 우주가 유한한 양의 정보를 갖고 있다고 하더라도 새로운 정보를 발견할 실제 속도는 우리가 그것을 모두 써 내려가도록 허락하지 않을 것이다. 따라서 홀팅 증명은 적용되지 않지만 결론은 같다. 우리는 절대 우주의 모든 비트를 소진할 수 없다.

무엇보다 가능한 것과 불가능한 것을 물리 법칙이 결정한다는 것이 중요하다. 물리 법칙이 범용 연산을 허용하는지는 중요하지 않다. 물리 법칙은 그것을 허용하고 모든 컴퓨터가 그것을 증명한다. 튜링이 정의한 범용 컴퓨터가 실제로 물리 법칙을 시뮬레이션할 수 있느냐의 여부가 중요하다. 2장에서 만난 옥스퍼드 물리학자 로저 펜로즈는 컴퓨터로 시뮬레이션할 수 없는 자연적 물리 과정이 있다고 생각한다.

흥미롭게도 펜로즈가 시뮬레이션할 수 없다고 식별한 과정은 양자물리학과 중력의 경계에 놓여 있다. 그곳은 물리학에서의 간극이 가장 큰 장소다. 어쩌면 논리적으로 계산이 불가하다고 예상할 수 있는 장소일 것이다. 결국 우리는 중력이 양자물리학에 엄청난 영향을 미칠 수 있다는 것을 알게 됐고 이 문제를 어떻게 해결해야 할지는 확신하지 못한다. 이에 펜로즈는 중력이 양자 중첩을 붕괴시킨다고 주장한다.

다시 말해 많은 장소에서 동시에 존재하는 양자 성질은 중력의 영향 아래에서는 유지될 수 없다. 펜로즈에 따르면 이 과정으로 시스템이 궁극적으로 어디에 위치하는지가 결정된다. 이때 이 결정에 이르는 방식은 컴퓨터로 시뮬레이션할 수 없다. 이 그림 속에서 슈뢰딩거의 고양이는 실제로 죽었거나 살아 있다. 결국 둘 다는 아니라는 말이다. 그 이유는 중력이 이러한 결과들 중 하나를 강제하기 때문이다. 그 과정은 컴퓨터가 포착해 모델화할 수 있는 능력을 벗어난다.

분명 이것은 펜로즈의 견해다. 그러나 그는 자신의 도발적인 논리를 사용해 튜링의 원래 목적, 즉 기계를 사용해 인간의 사고와 의식을 시뮬레이션하고자 하는 동기에 도전한다. 만약 양자 중력 과정이 인간의 뇌에도 중요한 역할을 한다면 어떨까? 만약 이 과정이 고양이의 생사를 결정한다면, 행복하거나 슬픈 우리의 기분에도 영향을 미칠 수 있을 것이다. 하지만 우리는 동시에 행복하고 슬플 수는 없다. 이는 또한 컴퓨터가 인간의 사고 과정을 시뮬레이션할 수 없다는 뜻이기도 하다.

과학과 인간의 창조성과 관련해 이보다 좋은 소식은 없다! 컴퓨터는 홀팅 문제를 해결하지 못하더라도 인간은 해낼 수 있을지 모른다는 말이니까. 이는 홀팅 문제에도 불구하고 컴퓨터 시뮬레이션을 사용하지 않고서도 물리학과 화학, 물리학과 생물학 사이의 간극을 좁힐 수 있다는 뜻인지도 모른다. 영감, 통찰, 그 밖의 다른 의식의 측면들이 이 간극에 다리를 놓는 열쇠가 될 수 있다.

지금부터 내 추측을 잘 들어보길 바란다. 우리는 양자물리학이 중력과 합쳐졌을 때 우리에게 익숙한 것과 정말로 다른 무엇이 나타나게 될지 알지 못한다. 우리는 새로운 물리 이론을 얻게 되겠지만, 그렇다고 거기에도 계산할 수 없는 무엇이 있다고 암시하지는 않는다. 핵심은 이러한 논리가 틀렸다는 게 아니라 튜링의 명제가 원리상으로 옳지 않을 수 있다는 것이다. 물리 법칙은 계산할 수 없는 것을 허용한다. 그리고 그 말은 홀팅 문제를 가지고서는 마이크로-매크로 간극이 계속해서 남아 있을 거라고 주장할 수 없다는 뜻이다.

우리는 앞서 마이크로-매크로 간극이 해소됐을 때 얻을 수 있는 기술적 이점들에 대해 조금 살펴봤다. 그렇다면 우리의 영적인 동경은 어떤가? 연결, 완성, 우리의 '고차원적인' 또는 내적인 목적에 대한 이해의 갈망 말이다. 그것을 뭐라고 부르든 나는 그것이 우리의 행복에 중요하다고 믿는다. 그리고 개인의 안녕은 사회의 안녕으로 이어지는 유일한 길이다. 곧 겉으로는 달라 보이는 기술과 영적 이점이 사실은 그렇게 다르지 않다는 뜻이다. 그것이 이 책의 핵심 맥락에서 내가 논의하고 싶은 것이다. 현실에 대한 미시적, 거시적 이해 사이의 교량이 우리를 영적으로 풍요롭게 할까?

행복의 추구는 인간에게 너무나 중요하기 때문에 미국을 건국한 아버지들은 헌법으로 보호할 필요까지 느꼈다. 오늘날 미국의 헌법은 자명한 진리의 하나로 손꼽힐 정도다. 사람마다 행복으로 가는 길에 선택하는 경로는 다르다. 그러나 대부분은 공통적인 것을 추구한다. 밭을 일구고 아이를 낳고 아이들을 기르기에 적합한 환경을 찾는 것은 누가 봐도 진화적인 가치가 크지만, 다른 것들은 미묘하고 눈에 덜 띈다. 물론 인류의 상당 부분은 여전히 먹고살기에 바빠 우주에서 자신의 위치를 깊게 생각할 시간도 수단도 갖추기 버겁다. 그러나 의미에 대한 동경은 물질적 상황과 무관하게 대부분 사람들이 공유하는 듯 보인다. 큰 차이점이 있다면 물질적으로 부유한 이들은 자신이 가진 시간의 상당 부분을 더 많이 투자할 수 있다는 차이가 있을 뿐이다.

인간은 생명의 기원과 우주의 기원 그리고 그 모든 것의 의미까지 포함해 우리의 기원을 알고 싶어 한다. 다른 생물의 존재가 예시하듯이 이 중에서 즉각적인 생물학적 가치는 없다. 그러나 많은 사람이 자신의 시간과 정신적 에너지를 이 질문에 쏟는다. 결국 록 밴드 도어스에 따르면 "우리는 이 집에 태어났고, 이 세상에 던져졌다". 그리고 그 모든 것의 의미를 캐내기 위해 상당한 노력을 기울인다. 왜 그럴까? 짐 모리스보다 더 권위 있는 자가 어디 있겠는가.

우리는 자신이 진짜 누구인지 이해하려고 노력하면서 행복해진다. 통제한다는 느낌 때문일까? 아니면 초월한다는 기분 때문일까? 어쩌면 그 과정이 우리가 주변의 세상에 자리매김하도록 도울지도 모른다. 마이크로와 매크로 사이의 간극, 자아와 우주 사이의 간극은 마치 인류가 진화하는 동안 조화를 이루지 못한, 어떤 잃어버린 퍼즐 조각이라서 우리는 그 간극을 필사적으로 채워나가고 싶어 하는 것인지도 모른다.

과학, 음악, 철학, 종교 또는 다른 백만 가지 것들을 통해 간극을 채우기 위한 인류의 탐색에는 공통된 두 가지가 있다. 둘 다 일상의 시끄러운 수다 속에서도 충분히 마음을 가라앉혀 더 '큰 그림'에 맞물리게 한다. 하나는 초월감이다. 우리는 살면서 한 번쯤 우주에 우리 눈에 보이는 것 이상의 존재가 있다고 느낀다. 우리의 제한된 감각이 보고 듣고 만지고 냄새 맡고 느끼는 것 이상의 무엇이 있다고 말이다. 그리고 더 깊은 지식을 찾아 간극을 줄여나감으로써 그 너머에 접근할 수 있다.

보르헤스의 또 다른 단편《알레프*Aleph*》는 공간 속에서 다른 모든 점을 포함하는 알레프라 부르는 한 점에 관한 이야기다. 그것을 들여다보는 사람은 우주의 모든 것을 동시에 모든 각도에서 어떤 왜곡이나 중첩이나 혼란 없이 볼 수 있다. 매력적인 발상이 아닐 수 없다. 알레프는 카를로스 아르헨티노 다네리Carlos Argentino Daneri라는 한 평범한 시인의 지하실에 있다. 그는 자신의 재능에 대해 대단히 과장된 견해를 갖고 있다. 또한 지구상의 모든 장소를 극도로 상세하게 묘사하는 대서사시를 쓰는 걸 평생의 목표로 삼았다. 소설의 서술자는 물론 이를 직접 확인하고 싶어 한다. 누군들 그렇지 않겠는가?

초월성은 이 간극에 대한 우리 경험의 거시적 공통점이다. 두 번째는 훨씬 작고 이 땅에 훨씬 가깝다. 바로 우리 자연세계의 질서와 단순성이다. 자연 현상을 이해하려고 할 때 '필요 이상으로 가정을 늘리면 안 된다'고 말하는 오컴의 면도날을 어디까지 휘두를 수 있는지는 주목할 만하다. 실제로 소수의 물리 원칙에서 얼마나 많은 것이 파생되는지를 보면 놀랍기 그지없다. 대규모의 초월감과 소규모의 경이로움은 모두 우리 마음속에서 끊임없이 지껄여대는 잡담에 너무나 자주 가로막힌다. 이 사실을 윌리엄 블레이크William Blake보다 잘 표현할 수는 없다. "지각의 문이 깨끗이 닦이면 모든 것이 있는 그대로의 무한한 상태로 보일 것이다." 플라톤은 이 높은 차원의 현실을 이데아라고 불렀다. 이데아 안에서는 완벽한 수학적 형태가 시대를 초월한 방식으로 존재한다. 또한 우리가 살고 있는 물리적 세계에 의해서 불완전하게만 모방된다. 이 세상의 모든 의자는 이데아의 영역에 존재하는 이상적이고 완벽한 의자를 그저 닮았을 뿐이다.

많은 종교에서 이러한 진리를 받아들인다. 기독교인들에게 예수는 신의 세계, 즉 이상적인 세계와 인간의 세계가 접촉하는 지점이다. 동양의 힌두교와 불교는 초월을 중심으로 한다. 이 종교의 주요 관행은 명상을 통해 더 높은 존재의 길로 나아가고, 일상의 존재에서 우리를 끌어올려 초월적이고 더 깊은 다른 존재의 방식과 접촉하게 돕는다. 우리의 물리적 세계와 플라톤의 '더 높은 차원의 실재' 사이를 막는 것은 무엇인가? 나는 여기에서 시간 개념이 많은 해답을 줄 거라고 믿는다.

《이상한 나라의 앨리스》에 나오는 가여운 흰 토끼를 생각해 보자. 이 토끼는 시계를 보며 정신없이 "큰일이야, 늦었네!"를 반복한다. 마이크로 영역으로 깊이 들어갈수록 시간과 매크로 영역에서 시간의 중요성이 희미해지는 것을 보면서 시간이 두 가지를 이해하는 데 결정적이라는 생각이 들었다. 게다가 하나의 전체로서 우주의 가장 큰 규모에서 시간이 다시 사라진다고 가정할 만한 충분한 이유가 있다. 시간을 이해하는 방식은 우리가 자연 속에서 우리 자신과 자신의 위치를 보는 방법에 큰 영향을 미친다. 물리학에서 마이크로와 매크로 세계의 흥미로운 차이점 중 하나는 후자에서는 시간이 두드러지는 특징이 있다면 전자에서는 이상하게도 시간이 모호해진다는 점이다.

시간이란 무엇인가? 시간에는 여러 측면과 다양한 종류가 있다. 그러나 시간의 가장 눈에 띄는 특징은 흐른다는 점이다. 만물이 생성되고 발달하고 변하다가 궁극에는 소멸한다는 사실 뒤에 시간이 있다. 시간의 창조적이고 또 파괴적인 측면은 축복이자 저주이다.

물리학에서 우리는 시간 앞에서 대단히 실용적인 존재가

된다. 시간은 우리가 관찰하는 사물의 변화 속도를 측정하는 변수다. 신기하게도 시간 자체를 직접 측정하지는 않는다. 우리는 별, 행성, 진자 그리고 최근에는 원자의 주기적인 운동을 이용해 시간을 추적한다. 다시 말해 시간은 언제나 어떤 물체의 위치를 사용해 측정된다는 말이다. 얼마나 빨리 달리는지 측정할 때 나는 실제로 시곗바늘의 상대적인 위치를 본다. 그러면 모든 시간은 두 물체 사이의 상대적인 위치로 표현된다. 이 경우에는 내 손목시계의 바늘과 나 자신이 관찰 대상이다.

흥미로운 점은 시계가 오랫동안 정확히 시간을 재려면 충분히 커야 한다는 것이다. 시간을 기록하는 것은 물론이고 기록하는 동안 시간이 너무 멀리 흘러가지 않도록 하려면 용량이 충분해야 한다. 시간 측정기를 완성하기까지 오랜 시간이 걸렸다. 현재 인간이 만든 최고의 시계는 전 우주가 진화하는 동안, 즉 138억 년 또는 10^{17}초 동안 1초밖에 늦지 않는다. 수고했어요, 인간.

핵이나 아핵 입자의 차원은 어떨까? 핵이 얼마나 오랫동안 시간을 잴 수 있을까? 답은 1밀리초이며 그 이유는 다음과 같다. 현재 우리는 공간을 플랑크 길이, 즉 약 10^{-35}미터로,

시간은 플랑크 시간, 즉 약 10^{-43}초로 알려진 아주 작은 단위로 생각한다. 핵은 10^{-15}미터쯤 되므로 약 10^{40}비트의 용량을 가진다. 그러므로 핵은 10^{-3}초, 즉 밀리초를 잴 수 있는데 그건 정말 아무것도 아니다.

더 작은 물체에 있어서 시간은 점점 더 의미를 잃어 실제로 얘기하는 게 의미 없는 규모에 도달하게 된다. 물리학계는 시간이 근본적인 것이 아니라 창발하는 것이라는 의혹을 강력히 제기한다. 시간은 우리처럼 충분히 복잡한 사물에게만 의미를 지닌다. 다시 말해 시간은 거시적 구성이라는 뜻이다.

물리학의 마이크로와 매크로의 측면에서 중력을 양자화하는 문제가 실은 모두 시간을 이해하는 문제라 할 수 있다. 물리학자 언루W. G. Unruh는 "중력은 이곳에서 저곳으로 불균등하게 흐르는 시간이다"라고 말했다. 특히 시계가 측정하는 시간은 실제로 거대한 물체에 가까이 있을 때 더 천천히 흐른다. 당신이 산꼭대기, 즉 중력이 지표면보다 약한 곳에 서 있으면 실제로 더 빨리 나이를 먹는다. 에베레스트산 정상까지 올라간다고 해도 그 차이는 너무 미미해서 아주 작은 비율로만 짧아지고 생물학적으로 별다른 영향을 미치지는 못하겠지만, 원자시계는 분명 지표면에 있을 때와는 눈에 띄게 다르게 똑딱거린다. 원자시계는 10억 분의 1초 이하까지 측정할 수 있으니까.

이제 중력은 다른 조건이 고정됐을 때 시간이 가장 빨리 흐르도록 물체가 움직인다고 말하는 법칙처럼 보인다. 공중에 어떤 물체를 던졌다고 가정하자. 물체는 얼마나 세게 던졌느냐에 따라 처음에는 위로 빨리 올라가다가 점점 느려져서 특정 높이에 도달하면 멈춘다. 그런 다음 아래로 천천히 가속화되기 시작하면서 속력을 받다가 원래의 장소에 빠르게 돌아온다. 최고의 중력 이론인 아인슈타인의 일반상대성 이론에 따르면 이 현상은 시계가 시간이 더 빨리 흐르는 위쪽에서 가능한 많은 시간을 보내고 싶어 하기 때문이라고 해석할 수 있다.

만약 물체를 비스듬하게 던지면 포물선을 그리며 움직인다. 아인슈타인에 따르면 이것 역시 마찬가지로 되도록 빠르게 시간이 흐르게 하려는 속성의 결과다.

양자물리학에서 프사이 함수, 즉 다른 미래의 행동에 대한 성향을 알려주는 정보의 카탈로그 또한 물체가 더 높이 있을 때 더 빨리 변화한다. 그러나 이것이 정말로 어떻게 작동하는지 계산하는 일관된 방식은 없다. 중력은 시간이 전부인 반면, 양자물리학에서는 시간이 실제로 존재하지 않는다고 말하기 때문이다. 시간은 직접적으로 측정할 수 없고 오로지 시곗바늘처럼 다른 것을 통해서만 알 수 있다. 중력을 양자화할 때 시간에 대한 이러한 두 가지 다른 그림이 충돌하여 언제나 말이 안 되는 답을 제시한다.

사실 마이크로와 매크로의 그림은 세계 예술가들의 시각에도 스며들고 있다. 유대계 독일인 문화평론가 발터 벤야민Walter Benjamin은 프루스트와 미켈란젤로를 다음과 같이 비교한다. 프루스트가 글을 쓰는 스타일은 연결되지 않은 스냅숏이 연속적으로 이뤄지는 삶이다. 그의 소설에서는 그런 전체 자체가 없지만 시간의 매 순간이 자립적이고 더 큰 전체로부터 독립돼 있다. 반면 미켈란젤로는 전체적인 실재를 크게 한눈에 들어오도록 시스티나 성당 천장에 그림을 그렸다. 프루스트와 미켈란젤로 둘 다 우주적 이미지를 보여주지만 시간의 축에서는 정반대에 있다. 미켈란젤로는 거시 우주적인 세계를, 프루스트는 소우주의 네트워크를 제시한다.

많은 종교의 중심에는 시간의 흐름과 우리의 덧없는 존재가 모든 고통과 부조화의 근간에 있다는 개념이 자리 잡고 있다. 이 짧은 존재의 아픔을 극복하는 방법은 시간을 초월한 영역과 접촉하는 것이다. 이 영역에서 사물은 변하지 않고 단 한 번 존재한다. 나는 마이크로와 매크로의 간극을 좁히는 일이 이런 고대의 교리에 따라 인류에게 정신적 변화를 제공할 수 있다고 추측하고 싶다. 만약 이것이 가능하다면 시간이란 오로지 중간 수준에서만 존재하고 미시적인 시스템에서는 물론이고 전체로서 우주에서도 완전히 부재하다는 깨달음을 줄 것이다. 작은 계는 시간을 오래 잴 만큼의 용량이 충분하지 않은 반면, 전체로서의 우주는 시간을 측정할 수 있는 외부의 시계가 없기 때문이다. 철학자이자 시인인 조지 산타야나George Santayana가 "현재성의 본질은 시간의 도화선을 따라 불처럼 달려간다"라고 말한 것을 떠올려보라.

양자와 중력 사이의 마이크로-매크로 간극을 좁히려는 물리학이 실제로는 우리에게 가장 큰 규모에서 시간이 부재한 우주와 우리가 지금의 존재 상태에서 실제로 느끼는 시간의 흐름과 화살 사이에 모순이 없다고 깨우쳐주는 건 신기한 일이다. 영국 철학자 로버트 훅Robert Hooke은 "어떤 감각을 통해 우리가 시간을 알게 되는지 궁금하다. 우리가 감각기관으로부터 얻는 모든 정보는 일시적이고 물체가 만든 인상이 남아 있는 동안에만 지속하기 때문이다. 그러므로 시간을 이해하는 감각이 필요하다"라고 말했다.

시간이 실제로 생명과 함께 나타난다는 제안과 함께, 생명의 선형적 특성은 사실 우리 기억 속 데이터 압축 현상과 관련이 있다. 선형적 특성이라는 말은 겉으로는 오로지 한 차원의 시간밖에 없다는 뜻이다. 공간에 대해서는 3차원, 즉 위-아래, 왼쪽-오른쪽, 앞-뒤로 생각하면서 시간에 대해서는 1초당 1초씩 앞으로만 전진할 수 있고 이 이상으로 이동할 여지는 없다. 데이터 압축은 모든 컴퓨터에 있는 압축 프로그램이 모든 핵심적인 정보는 그대로 유지하면서 파일의 크기만 축소하기 위해 사용하는 장치다. 압축을 풀면 언제나 원래의 파일을 되가져올 수 있다.

훅은 다음과 같이 결론짓는다. "우리는 시간이 만든 인상을 이해하기 위해 어떤 다른 기관의 필요성을 찾아야 한다. 그것은 다름 아닌 우리가 일반적으로 기억이라고 부르는 것이다. 나는 기억을 눈이나 귀나 코만큼이나 하나의 기관으로 생각하며, 다른 감각의 신경이 동시에 일어나고 만나는 장소 근처에서 그 상황을 갖고 있다고 생각한다." 기억의 유한성과 시간 및 시간의 흐름을 인식하는 것 사이에 어떤 연관성이 있을까?

현실이 실제로 일어날 수 있는 모든 것을 포함하고 있다고 상상해 보자. 우리가 열 가지 순간을 인지하고 매 순간에 일어날 수 있는 일들이 열 가지씩 있다고 가정해 보자. 그렇다면 가능한 사건의 수는 10^{10}가지다. 만약 이것을 기록하기 위해 정신적 능력이 필요하다면, 기억에도 같은 수의 정신적 상태가 필요하다. 흥미롭게도 이것이 뇌에서 추정되는 시냅스의 수다.

그러나 우리는 평생 훨씬 더 많은 순간을 기록해야 한다. 우리가 10분의 1초마다 기록하고 열 가지 다른 가능성만 기록한다고 하더라도 이것은 10^{100}가지가 된다! 이건 분명 불가능하다. 그래서 기억은 파일 압축 프로그램처럼 압축하는 기술을 사용한다. 기억이 이것을 어떻게 해낼까? 나는 이 문제를 해결하기 위해 기억이 카드를 기억하는 마술사의 기술을 사용한다는 비유를 가장 좋아한다.

인간은 무작위적인 수나 이미지를 잘 기억하지 못한다. 그러나 이야기만큼은 기가 막히게 잘 기억한다. 사람들은 사람들 사이의 연관성이 있는 소문과 험담을 좋아한다. 이번 주에 그 사람한테 무슨 일이 있었는지, 어디서 그걸 했고, 휴가

때는 어디를 갔는지, 누가 누구랑 사귀는지, 누가 승진 심사에 들어가는지 등. 인간사와 관련해 흥미를 불러일으키는 이야기라면 그 전부를 모조리 기억한다. 그렇다면 카드를 기억하는 가장 좋은 방법은 그 순서로 이야기를 만드는 것이다. 예를 들어 여왕이 잭을 6시 10분에 만나서 함께 왕을 알현하러 가는 식으로 퀸, 잭, 10, 6, 킹의 순서를 외울 수 있고 조금만 더 연습한다면 52장의 카드를 모두 외울 수 있다.

카드 한 벌을 외울 수 있을까? 물론이다. 간단하게는 다이아몬드를 부자, 하트를 연인, 클로버를 거친 사람, 스페이드를 재밌거나 엉뚱한 사람으로 생각하는 방법이 있다. 물론 데이터 압축 프로그램에도 종류가 다양한 것처럼 기억의 압축에도 여러 가지 방법이 있을 수 있다. 어떤 이야기든 핵심은 개연성과 인과관계가 있다는 점이다. 퀸과 잭이 만나는 것은 있을 수 있는 일이다. 둘이 함께 왕을 보러 가는 것 또한 전적으로 말이 된다. 이야기를 논리적으로 연결할수록 그것을 기억하고 뜻대로 불러오는 것이 더 쉬워질 것이다.

이런 트릭을 사용하지 않으면 카드 한 벌을 외우는 데 52 곱하기 51 곱하기 50 곱하기 49…값의 메모리 비트가 필요하다. 이는 추정된 두뇌 용량을 훨씬 초과하는 엄청난 수다. 그러나 카드로 이야기를 만들면 한 사건, 즉 카드가 다음 사건으로 자연스럽게 이어지고 우리는 1차원적 사물의 연속만 기억하면 된다. 모든 가능성을 가진 우주를 단지 하나의 차원으로 축소하는 행위에서 오직 1차원적 시간만 지각하는 행위가 연상된다. 오스트리아계 미국인 과학자 하인츠 폰 푀르스터Heinz von Foerster는 "내가 볼 수 있는 한, 시간의 개념적 구조는 단지 우리 기억의 부산물이며, 어떤 경우에는 시간을 편리한 매개 변수로 사용할 수도 있다"라고 말했다.

시간이 없는 우주에서 시간의 존재에 관한 문제로 최근 논쟁을 벌인 철학자는 이스마엘J. Ismael이다. 이스마엘은 이렇게 말했다. "물리학이 비대칭은 그렇게 잘 수용하면서 흐름, 경과, 개방성 등에 대해서는 제대로 해내지 못하는 이유를, 비대칭성은 미시적인 관점에서 거시적인 관점으로 전환하는 인공물이지만 흐름, 경과, 개방성은 수평적 차원에서 발생한 변환에서 일어나기 때문이라고 본다."

수평적 차원을 추가함으로써 우리는 경험과 온톨로지를 우주의 통합된 비전의 일부로서 다시 결합해 원을 닫을 수 있다. 공자는 "군자는 공통의 이익에 집중하지만 소인은 차이에 초점을 맞춘다"라고 말했다. 우리는 우주에 질서가 존재한다는 것에 경외감을 느끼지만, 그 사실은 결정론에 대한 불편한 공포로 이어질 수 있다. 물리적 사실이 세계의 모든 사실을 고정시킨다면, 우리의 모든 행동이 미리 정해져 있다는 뜻 아닌가?

물론 이것은 현재까지 과학이 해답을 찾지 못한 심오한 질문이다. 발생하는 모든 일에는 이유가 있어야 한다는 라이프니츠의 '충족이유율'을 양자물리학이 파괴한다는 정도만 알고 있어도 충분하다. 우리가 아는 한 양자물리학에서 가장 기본적인 사건들은 본질적으로 무작위적이며 특정한 이유 없이 일어난다. 그러나 무작위성은 결정론에 대한 두려움을 완화하는 데는 도움이 될지 모르지만, 자유의지를 보장하기에는 분명 충분치 않다. 나는 그런 상황을 안고 살아도 개인적으로 행복하지만, 앞으로 이 문제에 대해 더 많은 것이 발견되리라고 확신한다.

"때로 과학자들은 낭만적이지 않고, 사실을 밝히려는 과학자들의 열정이 세상에서 아름다움과 신비함을 앗아 간다고들 한다. 그러나 세상이 실제로 어떻게 돌아가는지 이해하는 건 정말 신나는 일 아닌가? 흰색의 빛이 여러 색깔로 이뤄졌고, 색깔은 우리가 빛의 파장을 지각하는 방식이며, 투명한 공기가 빛을 반사하고, 그렇게 해서 공기가 파장을 구별하고, 그렇게 노을이 빨간 것과 같은 이유로 하늘이 파랗다는 걸 알게 된다는 게 말이다. 그걸 조금 알았다고 해서 석양의 낭만에 해를 끼치지는 않으니까." 칼 세이건의 말을 달리 표현한다면, 새롭게 알게 된 모든 것은 세상에 아름다움을 더할 뿐이다.

현대로 따지면 세계 최초의 대학인 플라톤의 아카데미에 들어가는 입구에는 이렇게 새겨져 있다. "기하학을 이해하지 못하는 자는 이곳에 발을 들이지 말라." 그로부터 2,500년이 지난 지금 나는 위대한 플라톤에게 "양자물리학을 모르는 자는 이곳에 발을 들이지 말라"라고 약간의 수정을 제안할 만큼 주제넘게 굴 수 있다고 생각한다. 내가 아는 한 양자물리학은 감정적이고 지적인 충만의 세계로 가는 길이기 때문이다.

감사의 말

감사를 드려야 할 분들이 많다. 이분들이 아니었다면 이 책은 세상에 나오지 못했을 것이다. 지난 20년간 연구에 매진하면서 아주 많은 동료와 벗에게서 영향을 받았다. 가장 많은 영향을 준 분들은 찰스 베넷, 키스 버넷, 데이비드 도이치, 아르투르 에커트, 피터 나이트, 키아라 말레토, 윌리엄 우터스, 안톤 차일링거로 그들은 이 책에서 자신의 이름을 발견할 것이다. 케이트 서드윅의 거장다운 편집 솜씨와 격려에 대단히 감사하다. 서드윅은 집필 마지막 단계에서 내게 많은 자극을 줬다. 그의 도움이 없었다면 이 프로젝트는 계획대로 실현되지 못했을 것이다.

1. *Physics and Politics*, Walter Bagehot, (Cosimo Classics 2007).
2. *Quantum Physics: Illusion or Reality?*, Alastair Rae (Canto Classics 2012).
3. *The Ghost in the Atom*, Paul Davies (Canto 2010).
4. *What is Life?*, Erwin Schrödinger (Canto Classics 2012). (한국어판 제목:《생명이란 무엇인가》)
5. *The Selfish Gene*, Richard Dawkins (Oxford Landmark Science 2016). (한국어판 제목:《이기적 유전자》)
6. *The Evolution of Cooperation*, Robert Axelrod (Penguin Press 1990). (한국어판 제목:《협력의 진화》)
7. *The World, the Flesh and the Devil*, J. D. Bernal (Indiana University Press 1969).
8. *Demons, Engines and the Second Law*, Charles Bennett, Scientific American, November 1987.
9. *Decoding Reality*, Vlatko Vedral (Oxford University Press 2010).
10. *Man and His Universe*, John Langdon-Davies (Thinkers Library No 61 1937).
11. *The Republic*, Plato (Classic Books 2017). (한국어판 제목:《국가》)
12. *The Art of Thinking Clearly*, Rolf Dobelli (Sceptre 2014). (한국어판 제목:《스마트한 생각들》)
13. *What is Life? How Chemistry Becomes Biology*, Addy Pross (Oxford University Press 2012). (한국어판 제목:《생명이란 무엇인가? 화학으로 읽는 생명과학》)
14. *Time's Arrow and Archimedes' Point*, Huw Price (Oxford University Press

1996).
15. *Collection of Essays*, G. Chaitin (World Scientific, 2007).
16. *"Chance and Necessity"*, Jacques Monod (Vintage 1971). (한국어판 제목: 《우연과 필연》)
17. *Water's Quantum Weirdness Makes Life Possible*, Lisa Grossman, New Scientist, 19 October 2011.
18. *"Negentropy Principle of Information"*, Leon Brillouin, J. of Applied Physics, 24, 1152, 1953.
19. *Proton Tunneling in DNA and its Biological Implications*, P.-O. Löwdin, Rev. Mod. Phys., 35, 1963.
20. *Magnetic Compass of European Robins*, R. & W. Wiltschko, Science, 176, 62, 1972.
21. *Physical chemistry: Quantum mechanics for plants*, G. R. Fleming and G. D. Scholes, Nature, 431, 256, 2004.
22. *Toward Quantum Simulations of Biological Information Flow*, R. Dorner, J. Goold, V. Vedral, INTERFACE FOCUS Volume: 2 Issue: 4, 522, 2012.
23. *Games of Life*, K. Sigmund (Oxford University Press 1993).
24. *Mathematical Theory of Communications*, C. E. Shannon and W. Weaver (University of Illinois Press 1948). (한국어판 제목: 《수학적 커뮤니케이션 이론》)
25. *The Stream of Life*, Julian Huxley (1928).
26. *Wholeness and the Implicate Order*, David Bohm (Ark paperbacks 1980). (한국어판 제목: 《전체와 접힌 질서》)
27. *The Genetical Evolution of Social Behaviour*. I, Hamilton, W. D., Journal of Theoretical Biology 7(1): 1~16, 1964.
28. *On Growth and Form*, D'Arcy Wentworth Thompson (Cambridge University Press 1917).
29. *Vicious Circles and Infinity*, Patrick Hughes and George Brecht (Jonathan Cape 1973).
30. *Perennial Philosophy*, Aldous Huxley (Harper and Brothers 1945). (한국어판 제목: 《영원의 철학》)
31. *The Myths of Time*, Hugh Rayment-Pickard (Darton, Longman and Todd 2004).
32. *Temporal Experience*, J. Ismael, The Oxford Handbook of Philosophy of

Time (Oxford University Press 2010).
33. *The Road to Serfdom*, Friedrich Hayek (University of Chicago Press 1994). (한국어판 제목: 《노예의 길》)
34. *The Prince*, Niccolò Machiavelli (University of Chicago Press 1985). (한국어판 제목: 《군주론》)
35. *The Art of War*, Sun Tzu (Oxford University Press 1963). (한국어판 제목: 《손자병법》)
36. *Thinking, Fast and Slow*, Daniel Kahneman (Farrar, Straus and Giroux 2011). (한국어판 제목: 《생각에 관한 생각》)
37. *Instant Expert 33: Quantum Information*, Vlatko Vedral, New Scientist, 2013.
38. *Living in a Quantum World*, Vlatko Vedral, Scientific American, 2011.

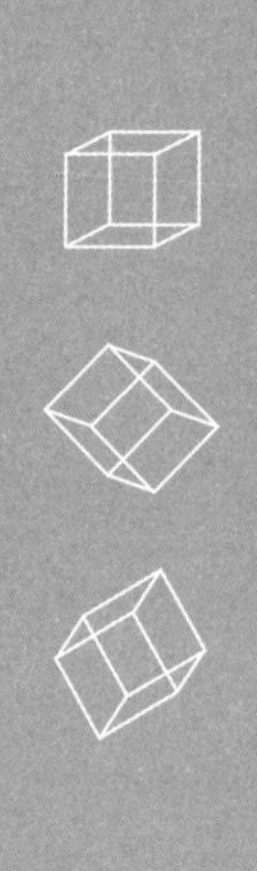

고양이와 물리학

1판 1쇄 인쇄 2023년 5월 15일
1판 1쇄 발행 2023년 5월 31일

지은이 블라트코 베드럴
옮긴이 조은영

발행인 양원석 **편집장** 박나미 **책임편집** 김율리
영업마케팅 조아라, 이지원, 정다은, 백승원

펴낸 곳 ㈜알에이치코리아
주소 서울시 금천구 가산디지털2로 53, 20층(가산동, 한라시그마밸리)
편집문의 02-6443-8826 **도서문의** 02-6443-8800
홈페이지 http://rhk.co.kr
등록 2004년 1월 15일 제2-3726호

ISBN 978-89-255-7653-4 (03400)